スターピープルは
あなたのそばにいる

アーディ・クラーク博士のUFOと接近遭遇者たち

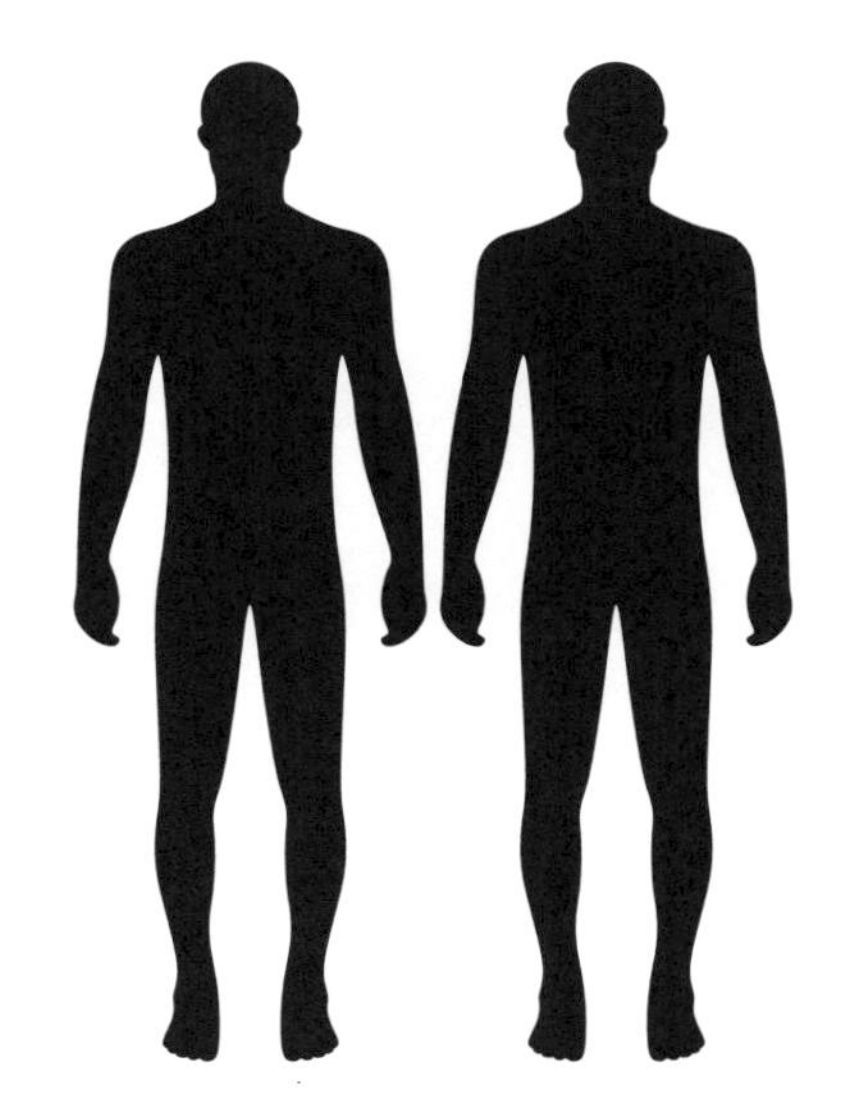

アーディ・S・クラーク［著］　益子祐司［訳］

明窓出版

スターピープルはあなたのそばにいる
アーディ・クラーク博士のＵＦＯと接近遭遇者たち 上

目次

はじめに

私が最初の本『スターピープルとの遭遇』（邦題『ＹＯＵは宇宙人に遭っています』）を出版して以来、多くの人たちが、私がどこでこうした体験談を耳にしたのかと質問してきました。私はただ〝問いかけて〟みただけなのです。驚くべき話の数々は、しばしば気軽な会話の中で伝えられるものです。たいていの人は、遭遇体験を持つ誰かを知っているはずです。もし自分は違うと思うのでしたら、何かの集まりの際に〝問いかけて〟みてください。きっとあなたは、ご自身の友人や知り合いの生活の中にＵＦＯ現象がここまで浸透していたのかと驚きを覚えることでしょう。いま何かが起こっていること、そして西洋文明的な観点にはそぐわない、何らかの出来事に何百万もの人が関わっているという事実は、もはや無視することができないものとなっています。

私が最近、一〇人でバーベキューパーティをしていた時のことです。州外から来ていたある男性が、私の本に関して質問をしてきました。私が彼に話し始めると、ほぼ同時に他の六人の人たちがＵＦＯにまつわる個人的な体験を口にし始めたのです。その顔ぶれは、教職を引退した後に作家となった人、二人の医療従事者、大学院生の女性とその夫、そして未踏の油田を探索して世界を旅している地質学者でした。つまり、全体の六割が遭遇体験を持っていたのです。

私は何年も前から北米インディアンを対象に調査をしてきました。それは私と何らかの社会関係をもつ人たち、親族たち、そして職場の同僚など、国内のさまざまな部族の人たちで、私たちはお互いに心を許し合える関係にありました。私たち先住民族は、太古の昔からスターピープルにまつわる話を耳にしていて、さらに私は個人的な体験もしていたため、天空人の存在を信じるようになったのでした。その結果として、さまざまな部族の人たちとコーヒーを楽しみながら過ごした無数の会話の末に、私自身の個人的な関心事として、取材の記録を残すことにしました。この本では、前著と同様に、個人情報を保護する措置を講じながらも、読み手がインタビューの現場に居合わせているかのような臨場感を覚えられるように工夫しました。本文中にはコーヒーを飲む場面が頻繁に出てきますが、大半の北米インディアンの家ではコーヒーポットのお湯が常に用意されていて、どんなに貧しい家庭であっても、訪問客に何かしらの食べ物と飲み物を提供する慣習があり、飲み物はたいていコーヒーで、濃いブラックコーヒーが好まれています。

取材をするにあたって、私は個人的な判断は一切くださず、相手側の立場の人間として話を聞いています。私の関心は話の内容にあるのであって、話の展開に影響を与えるような誘導的質問をしたり、物的な証拠や目撃証人を用意できない相手に、批判めいた言葉を投げかけたりすることには全く興味がありません。このような姿勢でいるからこそ、個人的な体験を持ちながらも口を閉ざしている無数の人を代表する遭遇体験者から話を聞くという、他に例のない取材が可能になったのです。私は全てのインタビューにおいてメモをしっかり取り、会話内容をテープレコーダーに録音しています。テープ起こしの際に、実際の会話での表現を読みやすい文体に整えた個所もありますが、発言の内容を変えない範囲にとどめています。

私の前著は、自身の職場や訪問先の小さな田舎町や保留地の人たちにも知れわたり、遭遇体験を持つ人たちが私に連絡してくるようになりました。本で紹介した事例には、偶然や運命による予期せぬ出来事があまりにも多いように思えるというご感想を読者からいただきましたが、それについて言えることは、私は誰でも連絡が取れる立場に身を置いている自分を誇りに思っているということです。ですから、今日も、明日も、そしてその先にある何千もの明日でも、自身の体験を話したい人たちが気兼ねなく私に連絡をしてくれることを望んでいます。もし誰かが個人的な体験があることをほのめかしたなら、私はそれについて〝問いかける〟でしょう。もしそうでなくても、とにかく問いかけようとはします。

『スターピープルとの遭遇』が出版されて以来、体験を持つ人たちが自ら連絡をしてくるようになり、数えきれないほどのメールが寄せられてきていますが、私はそれら全てに返事を出して、詳細をぜひ教えてくださいとお願いしています。このような姿勢がいかに大切なものであるかを、グアテマラを訪れた際、マヤ文明の専門家であり歴史家でもある人物と話していた時に痛感しました。話題がエーリッヒ・フォン・デニケンの古代宇宙飛行士説のことになった時、デニケンの著書についてあなたはどのようにコメントしたのですかと尋ねたところ、「デニケンはそれについて私に〝問いかけて〟はきませんでした」と言われたのでした。

幼い頃から私はいつも、空を眺めてきました。モンタナの星空を見上げながら、スターピープルの故郷はどの星なんだろうと自分自身に〝問いかけ〟をしない夜は一度たりとてありません。地球よりもおそらく何百万年も古い歴史をもつ他の惑星の文明社会を想像してみることは、私たちが過去数百年の内に成し遂げてきたことに鑑みれば、さほど難しいことではないように私には感じられます。私たちはすでに月面に到達し、今では火星を視野に入れています。それを思えば、より長い歴史をもつ惑星の文明人たちが、他の複数の惑星に入植し、宇宙の果てまで旅をするほど発達を遂げている事実を受け入れることもさほど難しくはないでしょう。

そういうことを信じない人は、そのような高度な文明のある惑星の発見や、異星人の存在を示す物的な証拠の提示がなされるまで待ち続けるでしょうが、信じている人、あるいは遭遇体験をしている人は、異星人が存在していることをすでに知っているのです。インディアンは、天体望遠鏡では観測できない遠いところにも星雲が数多くあることを知っています。地球外生命体が実在することも分かっています。そしてそれらの存在が地球を訪れていることも知っています。このことは、北米の先住民族たちだけが持っている信条ではありません。地球に住む全ての民族が共通して、内に宿している知識なのです。人々はただ自身に〝問いかけて〟みることを忘れているだけなのです。

この本では、さまざまな遭遇体験をもつ人々が登場します。体験者は全て北米インディアンもしくはアラスカ先住民族です。ここで紹介されているのは、彼らが私に語った通りの内容となっています。

序章

保留地内での北米インディアンの遭遇体験を取り扱った前著とは異なり、この本では保留地外で生活するインディアンの体験を主にご紹介しています。米国には三二四カ所の保留地で暮らす五七六の部族が連邦政府から認証されています。そして、純血と混血を合わせた五百万人のインディアンの七割が一般社会で暮らしていて、純血のインディアンの大部分は自身の部族のいる保留地で生活しています。保留地外の小さな市町村や都市部で暮らす人たちは、しばしば〝都会のインディアン〟と呼ばれます。米国都市部インディアン家族連合（NUIFC）は都会のインディアンの呼称に対して、「特定の部族との積極的な結びつきの有無にかかわらず、先住民の共同体の一員として活動的である北米インディアンまたはアラスカ先住民の子孫」という解釈を適用しています。

都会に住むインディアンの人口は、連邦管理終結政策の影響により、一九五〇年代と一九六〇年代に急速に増えました。この政策に込められた意図は、部族社会を終結させ、保留地制度を廃止することでした。時を同じくして、インディアン管理局（BIA）が〝移住〟プログラムを発足させ、インディアンたちに都市部への移住を奨励しました。このプログラムは一九七〇年代に廃止されましたが、かかわった人々に深刻な悪影響をもたらしました。都市部での生活にどうしても適応できずに保留地に戻っていった人もいれば、雇用、定収入、融資の機会等を得るために保留地に戻らない契約を交わす人もいましたが、大半の人たちは二つの世界でなんとか生きていく方法を身に着けていきました。

今日では、大部分のインディアンはＢＩＡからの援助を受けることなく都市部に移住しています。個人の移住理由の多くは、連邦ペル給付奨学金や他の奨学金による援助によって、インディアンの若者が大学の学位を取得することが可能になったことによるものです。学校を卒業しても保留地内では仕事を見つけることが難しいため、田舎の市町村、小都市や都会などに雇用の機会を求めて移住するのです。中には非インディアンの異性との結婚などといった個人的な理由で保留地から出ていく人もいます。

一九五〇年代から一九七〇年代にかけて徴兵された男性の多くは、一般的な米国社会に馴染んで、それぞれの保留地には戻らない選択をしました。また、非インディアン家庭の養子となって、自身の親族たちとは疎遠な環境で育った人たちもいます。

人類学者のジェームズ・クリフォードは、多くの北米インディアンが祖先の土地を離れて都会に暮らしていることは、それらの土地との結びつきが絶たれていることを必ずしも意味してはおらず、彼らの多くは、保留地外の自身の住まいと先祖代々の村を行き来しながら、祖先の土地にフルタイムで生活をしていなくとも、積極的なつながりを維持していると指摘しています。チェロキー族の学者であるラッセル・ソーントンは、北米インディアンが非インディアンの異性を結婚相手に選ぶ傾向が高まっており、その理由の一つとして、インディアン全体の都会化の進行が挙げられると指摘し、双方が知り合う機会が今後も増えていくに伴って、益々その傾向に拍車がかかるであろうと予測しています。

北米インディアンの住民は米国の各州にいますが、その割合が高い都市部としては、ニューヨークシティ、ミネアポリス、フェニックス、ロサンゼルス、クリーブランドそしてシカゴなどが挙げられます。これらの都市は政府の移住プログラムの対象地として特に有名であったところです。

この本に登場する人物の多くは、祖先から受け継いできたものや、部族とスターピープルとの太古からのつながりを大切にし、しばしば保留地に戻って親族を訪ねたり、儀式に参加したりしています。都市部に住みながらも、それぞれの地域で暮らす先住民族たちと頻繁に関わる仕事をしている人たちがいる一方で、自身の部族や親族との結びつきを失ってしまっている人たちもいます。また、保留地に隣接する土地や牧場を所有している人たちもいます。高齢者の中には、自立生活の継続の難しさから、親族と同居するために保留地から出ていくことを余儀なくされた人たちもいます。そして、数は少ないものの、自身が北米インディアンであるという事実以外には、先祖伝来のものをほとんど知らないまま成長した人もいます。このような人たちは、保留地とのつながりも皆無に近く、自らのルーツである部族から疎外されてしまっていることに悲しみを覚えていると誰もが語っています。

これからこの本を通して皆さんが出会っていく人たちは、さまざまな経歴を持っています。多くは大学で学位を取得していますが、それ以上の学歴の人もいます。肩書は医師、教師、役人、会社員、退役軍人、個人事業家、看護師、警察官そして大学生までも含まれています。その他、とくに年長者の場合は、限られた教育しか受けていない人もいます。多くの人たちは、幼い頃に祖父母、両親あるいは聖職者たちからスターピープルの話を聞かされていたと述べています。しかし、保留地で暮らしてきた人たちとは違って、彼らは自らが遭遇した地球外生命体の意図について大きな懸念を示していました。そしてその来訪の目的、出身惑星や宇宙での暮らしなどについて、より詳細なやりとりが異星人と交わされていたことも特徴の一つでした。また、さまざまな種類の異星人について、さらに詳しい説明もありました。これらは体験者たちの教育水準の高さと問題意識、そして自身の体験を理解するための情報収集の必要性が、いずれも保留地内の人たちよりも上回っていたからではないかと思われます。

センセーショナルなことを言って注目を集めたいと思っている人は誰一人としていません

でした。それどころか、彼らは自分の名前を必ず伏せておくようにと何度も私に念を押しました。名前が表に出てしまえば仕事に支障をきたしてしまうことを、ほぼ全員が心配していたのです。業務を遂行するのに不適格な精神状態であると判断されてしまう恐れがあると、誰もが不安を口にしていました。解雇まではされなくとも、昇給や昇進の望みが絶たれてしまうかもしれないと考えている人もいました。また数人の人は、自身の体験談がフェイスブックやその他のソーシャルメディアに掲載されてしまうことに、より大きな恐れを覚えていました。私は彼らの生活を大衆からのハラスメントやあらゆる被害から保護するために、仮名を採用し、居場所の特定ができないように、その描写の一部を書き換えました。

彼らの体験にメディアからの情報が影響している可能性について私が質問をしたところ、彼らの大多数はその質問を笑止千万なものとみなしました。テレビ受信機を買うだけの経済力を彼らの大半が持ってはいましたが、全体の三三%はテレビを所有していませんでした。そしてテレビを持っていた男性の大部分は、バスケットボールとフットボールの中継番組以外は視聴していませんでした。女性陣の中で最も人気があった番組は、『ダンシング・ウィズ・ザ・スターズ』と『ザ・バチェラー』でした。

私は彼ら一人一人とじっくりと向き合い、耳を傾け、時に問いかけをし、そして最終的にそれらの話が真実であることを確信するにいたったのです。

第一章　宇宙のハイウェイ旅行

カナダのアルバータ州にあるライティング・オン・ストーン州立公園は、モンタナ州とカナダの境界付近に位置しています。そこは、北米の大平原地帯に残る最大のロックアートの保存地域でもあり、紀元前九千年にもさかのぼる五〇以上ものペトログリフ（岩石線画）や何千もの芸術作品がみられます。同公園にある象形文字とペトログリフは共に儀式性と伝記性を兼ね備えており、そこに描かれているのは、羽毛飾り、頭飾り、日輪模様などに加え、狩りの成功、英雄的な戦い、敗れた敵陣などの様子も刻まれています。ブラックフィート族の伝説では、絵画や絵文字は精霊の世界を描いたものであるとされています。この遺跡のことを最初に私に教えてくれたのは、ブラックフィート族の大学院生で、彼はこの一帯でしばしば起こっている珍しい出来事について話してくれました。彼によると、かつてここにある時空のポータルに入り込んでしまった人がいて、時間を過去にさかのぼり、白人がやってくる前の時代のブラックフィート・インディアンの村を見たという逸話があるそうです。またこのエリアでは、頻繁にＵＦＯの目撃報告も寄せられています。この章では、トムという男性が、この地域に存在するという〝宇宙のハイウェイ〟へのポータルについて体験したことを語ってくれています。

昨年の夏、私は自分の住むモンタナ州南西部からライティング・オン・ストーン州立公園まで足を延ばしてみることにしました。これまでも、異世界へつながるポータルが存在するといわれる複数の場所を訪れてきましたが、自分の目と鼻の先にある場所にも同様のポータルが存在するとの話は、とりわけ興味をそそるものでした。その一帯の景観はまさに目を見張るばかりでした。公園へ向かう途中、私はある場所で車を停めて、回転草や野生のラズベリーの茂みの中へ一メートル半ほど足を踏み入れて、魅惑的な人跡未踏の風景を写真に収めました。そして州西部に原生するインディアン・ペイントブラシを撮影しようと立ち止まった時、地面に露出した巨石の背後から一人の男性が突然、現れました。

「私の祖母がよくサラダ用にインディアン・ペイントブラシの花を摘んでいましたよ。でも食べられるのは花の部分だけで、根っ子や葉っぱには強い毒性があるんです」そう彼は言いました。私は背後の道路のほうへゆっくりと後退しながら、ポケットに手を入れて、熊よけスプレーの小さな容器を探し、指先に小型テープレコーダーが触れた際に録音ボタンを押しました。

「おどかすつもりはなかったんです」彼はそう言いながら、私と距離をとりました。そして巨石にもたれかかって、谷間のほうに目を向けました。彼は一八三センチ以上はありそうな長身で、その広い肩幅が、体にフィットしたTシャツの半袖を上に引っ張っていて、筋骨たくましい体格が見て取れました。黒髪は二つ編みにされて胸元まで垂れ下がり、眉毛を薄く分けている五センチほどの傷痕は、ブロンズ色の肌に際立っていました。ロデオ大会での優勝を記念したベルトのバックルが陽射しにきらめき、過ぎ去りし日の栄光を物語っていました。

「大丈夫ですよ」私は自分の車のほうへ身をひるがえしながら言いました。「いきなり現れたので驚いただけです。自分一人だと思っていたんです。他に車を見かけなかったので」

「私の小型トラックはあそこの林の中に停めてあるんです。道路からは見えない場所です」彼はそう言って、自分の背後にある巨石の向こう側を指さしました。「コーヒーを入れていたところだったんです。あなたもご一緒にいかがですか?」彼はそう申し出てきました。

「ありがとう。でも遠慮させてもらいます。ごめんなさい、キャンプ中だって知らなくて」

「ここは偉大な精霊のいるキャンプ地なんです。私はただ有難く使わせてもらっているだけです。夜にここから渓谷を眺めるのが好きなんですよ。ここは聖なる場所です。ここにいるととても平穏な気持ちになれます。今ではこういう場所はこの世界にも多くはなくなりました」

「とても静けさを感じるところですね」私は言いました。

「このルートを通る人はそんなにいないんです。ここしばらくの間でも、あなただけです。私がここで過ごす時はたいてい一人きりですけど、誰かと一緒でもぜんぜん構わないんです」

「私はライティング・オン・ストーン州立公園へ向かっている途中だったんです」私はそう説明しながらも、なぜこの見知らぬ人に自分の状況を説明しているのか、少し不思議な気持ちでいました。

「ちょっと写真を撮りに立ち寄っただけなんです。なので、そろそろ車に戻ります。あなたがここでキャンプをしていることにはまったく気づいていませんでした」

「どうぞ、コーヒーでも飲んでいってください。びっくりさせてしまったことへのせめてものお詫びです。それに、もう長いこと人と話したりしていなかったので」

私はためらいましたが、彼の申し出に従っている自分がいました。「そうですね、それなら喜んで」

私は彼が平たい岩に置いたコールマン製のカセットコンロからススの染みのついたコーヒーポットをつまみ上げるのを眺めていました。そしておもてなしの心を持ったこの見知らぬ男性を写真に撮ろうとすると、彼はポットを掲げてニッコリ笑ってみせました。

「ブタンガスのコンロなんかでコーヒーを沸かしているところを私の祖父が見たら、お墓の下でおちおち寝てられなくなってしまうでしょうね」彼は私のコップにブラックコーヒーを注ぎながら言いました。「すみません、あいにくクリームはなくて。ところで、私のことはトムと呼んでください」彼は握手の手を差し伸べながら言いました。「私は純血のインディアンですが、保留地には住んでいないんです。イラクでの湾岸戦争から戻ってきて以来、あちこちをさまよっていました。戦争を経験した後は、自分の居場所を見つけるのが難しくなってしまったんです」

私も自己紹介をし、大学院での教え子の一人からライティング・オン・ストーン州立公園のことを聞いてやってきた旨を説明しました。

「いまは退職して自由の身になったので、ようやく訪問する機会が持てたんです」

「こんな人里離れた田舎町でモンタナ州立大学の教授と出くわすなんて、誰が想像できたでしょう」

彼はそう言いながら、信じられないといったそぶりで首を振りました。

「これは運命に違いありません。偉大な精霊からの〝しるし〟でしょう」

「私は退職した教授です」私はそう訂正しました。「でも、もし〝しるし〟だとしたら、良いものであることを願いましょう」

「きっとそうだと思います」彼は言いました。

「私は自由になった立場を活かして、モンタナの田舎道を車で移動しながら、この一帯にまつわるさまざまな話について調べているんです。かねてから、このあたりに起きている出来事に関心を抱いていたんです」

彼は私の言葉にうなずきましたが、それから五、六分のあいだ沈黙したままでした。私はコーヒーを飲み干して、コップをコンロの近くの岩の上に戻しました。ようやく彼が口を開きました。

「ライティング・オン・ストーン州立公園は、精霊にかかわる重要な場所です。この周辺一帯が神聖な領域なんです。ここに古くからある文化はこの大地と密接に関わり合いながら築かれてきました。ここの地形は今でも、由緒ある文化の一部を成しているんです」

「あなたは何かを執り行っている聖職者なんですか?」

「ある程度のことは学びましたが、何かを執り行う聖職者ではありません。私はまだ答えを探しているんです」

私はこの見知らぬ男性を注意深く観察しました。彼にとっての探求は何らかの理由があって、早々には終わらないものではないかと私には感じられました。

「コーヒー、ご馳走さまでした。私はそろそろ行きますので、キャンプの用意を進めてください」

「教えてください、クラーク博士。あなたはUFOを信じますか？」

その質問を耳にして、私の足が止まりました。「なぜそんな質問を？」

「あなたはモンタナの田舎道を移動しながら、ここにまつわるさまざまな話について調べているとおっしゃっていました。私はあなたが、ここへやってくるUFOのことを聞いてきたのだろうと思いました。ここは遠い昔からいる人たちが往来する場所です。ここは宇宙のハイウェイの旅を可能にする場所なんです」

「遠い昔からいる人たちというのは誰のことですか？」

「ここを訪れている精霊やスターピープルの話は数多くあります。ここは彼らと接するために人々が訪れる場所なんです」

「それが、あなたがここにいる理由なんですか？」

「私がここに来る理由はたくさんあります」

「私が聞いた話では、このあたりにはポータルがあって、そこを通り抜けると別の時空に旅することができるそうですが、そのような場所をあなたはご存知ですか？」

「そのようなポータルは存在します。いつも開いているわけではありません。しかるべき時にしかるべき場所にいる必要があるんです」そうトムは答えました。

「いつ開くのか、あなたは何か手がかりを知っているんですか？　一定のパターンがあるんですか？」

「私が知り得る限りでは、パターンはありません。変則的に発生しています。私はＵＦＯを見るためにここに来ています。現れることもあれば、現れないこともあります。彼らは宇宙のハイウェイを旅しているんです。いつの日かポータルが出現したら、私はその中へ入っていくつもりです」

「ここであなたはＵＦＯを見たことがあるんですか？」私は尋ねました。

「ええ。ときどき彼らは眼下に見える谷間に着陸します。ただここに立ち寄るためだけにやって来ることもあります」

「立ち寄るというのはどういう意味ですか？」

「スタートラベラーたちがここに立ち寄って私に会うためにです」

「彼らはどんな外見をしているんですか？」

「私と同様ですが、あまりインディアンっぽくはありません」彼は笑って言いました。「インディアンに似ている人たちもいますけど」

「どのくらいの頻度でここへやってきているんですか？」

「以前はよく私は祖父と一緒にここに来ていました。祖父は精神性の高い人でした。彼をヒーラーと呼ぶ人たちもいました。スターマンたちは彼に会いにきていたんです。その頃私はまだ幼い子供で、彼らが訪問しているあいだ、しばしば寝入ってしまいました。私にとって彼らの来訪は普通のことだったんです。他に何も知る由もありませんでした」彼は小型トラックのほうへ向かい、キャンプ用の折り畳み椅子を二脚とり出してきて、その一脚を地面に立てて私に座るように促しました。そしてもう一脚を隣に立てて自分が座りました。

「ここ最近、ＵＦＯを見たりスターマンたちに会ったりはしましたか？」私は尋ねました。

「ええ。ここと同じような場所は世界中に存在するんです。ペルーにもあるので、いつかそこに行ってみたいなと思っています。それからメキシコとボリビアにもあります。アラスカにもです。他に五、六カ所ありますが、たいていは隠されています。宇宙のハイウェイの旅の経験者だけがそれらの存在を知っているんです。イラクにも存在します。私の部隊がその近くに配置された時、私は偶然にそれに出くわしました。そこで私はスタートラベラーに命を救われたんです」

「お話の内容が私にはよく把握できていませんが、イラクでスタートラベラーがどんなふうにあなたの命を救ったんですか？　あなたはどうやってそこのポータルを見つけたんでしょうか？」

「アメリカ同時多発テロ事件が起きた時、私はとても怒りを覚えていました。当時ロサンゼルスに住んでいた私は、仕事を辞めて軍隊に入りました。そのとき私は三〇歳の独り身で、人生の方向性もはっきり定まっていませんでした。私は自国のために何かをしたかったんです。友人たちからは頭がおかしくなったと思われましたが、私は当時の大統領とその取り巻き連中の世論操作の術中にまんまとはまって、自国は戦争状態にあると信じ込んでいました。それらが全て自作自演のプロパガンダだったことなど全く知る由もありませんでした」

私は彼のこの説明に対しては何も尋ねませんでした。彼と同じように大量破壊兵器の噂話にミスリードされて信じ込んでしまったという退役軍人たちの言葉を聞いていたからです。

「そしてイラクに行ったということなんですね」

「二、三カ月後にはもうイラクにいました。私の部隊が到着した時は、戦闘開始から二、三週間が経過していました。我々は即座に砂漠地帯の町に送られました。そこでサダム・フセインの所在が確認されたとの知らせが届いたからです。現場に到着すると、奇襲攻撃の態勢が整えられていました。私が廃墟の建物の陰に身を潜めていると、突然に頭上から一斉砲撃を受けました。私は身を守ろうとした際に、廃墟の建物の廊下でつまずいて転んでしまいました。その刹那、床から砂が渦を巻くように舞い上がって、目の前にトンネルが開いたんです。私がその通路に入っていくと、人間のような姿をした存在が出迎えてくれて、私を安全な方へ導いてくれることを身振りで伝えてきました。私は彼に従って、細長いトンネルを先へ進んでいきました。トンネルを抜けると、そこは球技場の一二倍はあろうかと思えるほどの広い空間があり、その中央に宇宙船が停まっていました。そこの環境は素晴らしいものでした。砂漠はうだるような暑さでしたが、トンネルの中は涼しく快適で、空気も爽やかでした。ようするに、私はトンネルの中に入り、そこにいた存在に付いてくるように言われ、安全な場所へと導かれたんです」

「それは、相手があなたを戦場から別の場所へ移動するように促したということですか？」

「はい。彼は私を自宅まで送り届けたいと申し出てくれました。私は救済者である彼に対して、自分は部隊に戻らなければいけないと告げました。脱走とみなされてしまうからです」

「それに対する彼の反応はどうでしたか？」

「彼はなぜ私が自ら危険な場所へ戻ろうとしているのか理解できませんでしたが、私の意思を尊重してくれました。去り際に彼は、私の気が変わった場合に備えて、翌日の同じ時間に戻って来て私を待っていると言ってくれました」

「あなたは考え直したんですか？」

「私の心は揺れました」そう言いながら彼はかがみこんで、左右の足元の間にある小石を拾いました。

「そのとき私は、イラクの片田舎の町で宇宙のハイウェイのポータルに自分が足を踏み入れていたことが分かっていました。でもそれは私にとって驚くことではありませんでした。ポータルはどこもわびしい所にあるからです」

「宇宙のハイウェイについてあなたがご存知のことを教えていただけますか？」

「本当のことです。それらは世界中に存在する神聖な場所なんです。そこはしばしば宇宙のハイウェイへの入り口として利用されてきましたが、幾世紀もの時を経て、そこに住む人たちが居住場所を変えたり、あるいは滅ぼされたりする中で、人々の記憶から忘れ去られてしまったんです。それらは目に見えない〝空の道路のネットワーク〟のようなもので、銀河を越えて別の世界へとつながっているんです。マヤ民族はこれらのポータルの存在を知っていました。インカ民族もです。北米インディアンの部族の多くも知っていました。ＵＦＯはそこを通してここに来ています。ここから去っていく時も同様です。ハイウェイがなければ、あのような遠い距離をあれほどの短時間で移動するのは不可能です」

「あなたのお話はとても興味深いものですね。ずいぶん前に私が会ったハワイの男性が、マウイ島の滝の近くにポータルがあると言っていました。彼はそこを通して何度も旅をしてきたそうです。私は彼に案内してもらってその場所に行き、二、三日間キャンプをしてまで待っていたんですけど、ポータルが開くことは一度もありませんでした」

「先ほど言いましたように、しかるべき時にしかるべき場所にいなければいけないんです。

ポータルは世界中にあります。ナバホ国にもあります。チンル層の近くです。アーカンソー州やウエストバージニア州にもあります。ネバダ州にあるエリア51の名で知られている場所の近くにも三カ所あり、ニューメキシコ州のダルシィにも一カ所あります。モンタナ州のリビングストンにも一つあると聞いています。あなたはそれについて聞いたことがありますか？」

「いいえ」

「宇宙のハイウェイを移動する際は、時間の経過というものはありません。目的地を心に思えば、あっという間にそこに到着しています」

「あなたは全てのポータルを訪れているんですか？」

「そのうちの幾つかだけです」

「私をそこへ連れていってもらうことはできますか？」

「ポータルが開く時にあなたが私と一緒にいれば可能ですが、いつ開くのかを知る手立てはないんです。ただ開く時に開くんです。たとえば私がボーズマンに寄ってあなたを車に乗せるといったふうにはいかないんです。それに、あなたが戻ってこられる保証もありません」

「それはどういう意味ですか？　私は戻れなくなるかもしれないんですか？」

「ポータルが閉じてしまうこともあるので、入った場所へは戻れない可能性があるんです」

「あなたがイラクで会った異星人についてですが、どんな外見をしていましたか?」私は尋ねました。

「あなたや私と同様です。彼らは私たちなんです。彼らは地球にやってきて私たちの中に紛れます。私はイラクから帰還後に、彼らの内の一人と一年間一緒に旅をしていました。モンタナ州、ワイオミング州、サウスダコタ州、ノースダコタ州をくまなくヒッチハイクで回りました。数カ所の保留地では同胞の部族民に招き入れられて、一緒に儀式に参加しました。そこにいた誰もが彼がスタートラベラーであることを分かっていましたが、彼は我々が彼の素性を公にしたりはしないと知っていました」

「なぜスタートラベラーたちはここへやってきているんですか?」私は尋ねました。

「かつては、地球は彼らの母星だったんですが、彼らは他の星々へと移住していったんです。ときどき彼らはただ立ち寄るためにここを訪れています。彼らによれば、居住可能な星は何百もあるそうです。別の住み家を探して出かけて行った者たちは、宇宙のハイウェイの旅行者となり、私たちのもとにまた戻ってくるんです。彼らはいつも私たちに紛れて暮らしています。違いに気づく人は誰もいません」

「あなたから見て、何か違いは感じられますか?」私は尋ねました。

「逆に私からあなたに質問させてください。あなたはこれまでに、逆境に面しても穏やかな表情を保ち、常に思いやりの気持ちを持ち、どんな状況の中にも良いところを見出そうとする人に会ったことはありますか？」

「もちろん、そういう人に二、三人は会っています」

「それならたぶんあなたもスタートラベラーに会っていますよ」

「では、人間たちを誘拐して、実験を施しているとされる存在についてはどうですか？彼らもまた私たちなんでしょうか？」

「広大な宇宙には数多くの種族が存在しているんです、クラーク博士。彼らもまた宇宙のハイウェイの旅人です。彼らを制御することはできません。地球を訪れている種族の中には異なった行動プランを持っている者たちもいるんです」

「つまり、宇宙には地球人以外にも、残酷な行為をしかねない種族が存在するということですね？」

「私がこれまで出会ったスタートラベラーたちによれば、その通りです」

「あなたのお祖父さんもこのハイウェイについてはご存知だったんですか？」

「ええ。祖父は何度も旅行をしました。私は八歳の時に一緒に旅に連れていってもらいました。彼の存在がなければ、私はイラクで自分の身に起きたことを決して理解することはできなかったでしょう」

「あなたが北米の大平原を一緒に旅した人とは、どこで出会ったんですか？」

「ここで出会いました。彼は宇宙のハイウェイを旅してやってきたんです。その時も私はまさに今いるこの場所でキャンプをしていました。私は最初から彼がスターマンであることが分かっていました。彼はここで一泊して、翌日から二人で旅を開始したんです」

「なぜ彼はあなたを旅の友に選んだんですか？」

「たぶん私が彼の素性を尋ねなかったからでしょう。私には本当のことが分かっていて、彼を受け入れていたからなんでしょうね、きっと」

私は自分の腕時計に目をやりました。すでに太陽は西に傾きかけていました。私はカナダとの国境近くのスウィートグラスにあるグロッカ・モサ・インのチェックインに遅れたくはありませんでした。

「私の話はあなたを何か不快な気持ちにさせてしまったでしょうか？　私が頭のいかれた人間ではないことは保証します。どこにでもいる普通のインディアンですが、オープンマインドと受容的な気持ちを持ち合わせています」

「いえいえ、あなたが頭のおかしな人だとは思っていません。ただグロッカ・モサ・インを予約しているので、午後六時までにチェックインしないと取り消されてしまうんです。今思えば前払いにしておけばよかったんですけど、六時までなら十分に間に合うと思っていたんです」

「それでしたら、どうぞ今宵はここのキャンプで過ごしていってください。ちゃんと私があなたをガードします。何も危ない目には遭わせません。おそらく彼らは今晩やってくるでしょう。それに私が作る直火ハンバーグは絶品ですよ。就寝の際はキャンピングカーのベッドを使ってください。あるいは星空の下で私と並んでお休みになっても構いません。私の寝袋をお使いください。もともと私は毛布にくるまって寝るほうが好きなんです。それから明日のことですが、旅は道ずれとお考えでしたら、一緒に公園までお供しますよ。それに、まだ誰にも話していない秘密の数々をあなたに打ち明けたいんです。そのお返しに一緒に旅行させてもらえればいいなって思っています。信頼できると感じる人には滅多に出会えないので」

私はトムの申し出を受け入れることにし、二人で深夜の二時まで語り合っていました。

午前〇時に差し掛かった頃に、幾つかのＵＦＯが現れました。最初に私が目にしたのは、大きな白い光の球でした。そして数秒もしない内に、その大きな球から数個の小さめの球が飛び出してきました。小さめの球は肉眼でも分かる円形の宇宙船の形となり、それから数分間にわたって、さまざまな形の編隊を組んで飛び回りました。私がこれまで目にしてきたいかなる飛行機のパイロットも成し得ない操縦技術で、やがて夜空をジグザグに飛び交いながら、どこへともなく散っていき、大きな光の球も私たちの視界から消え去りました。私はただ驚異の念に打たれながら見入ってしまっていました。そのあと二時間のあいだ、トムと私は自分たちが目にしたものについて語り合っていたのです。

翌日、私たちはライティング・オン・ストーン州立公園に車で向かいました。途中でサンバーストのラスト・チャンス・カフェに寄って、夕食を摂り、それからトムのいとこの家に行って、三人でポットのお湯を三回沸かすほどたくさんのブラックコーヒーを飲みながら、おしゃべりを楽しみました。その晩遅く、私はグロッカ・モサ・インにチェックインして寝床に就きましたが、睡眠は断続的になってしまいました。夢の中で何度もUFOを見ていたからです。

翌日に私は帰宅の途につき、途中でトムを彼のキャンプ場で降ろしました。別れ際に私は、自分は本を書いていて、前の晩までの私たちの会話を密かに録音していたことを正直に話し、彼の体験談を本に掲載させてもらいたい旨を告げました。

「あなたが私の話を録音していたことは知っていましたよ」彼は大きな笑みを浮かべて言いました。

「どうして分かったんですか？」

「スターピープルが私にそう言っていたんです。あなたが帰宅する前に私に話してくれるかどうか確認するために黙っていたんです。私の直感の通りでした。あなたは尊敬に値する人物です」

私が彼の同意なしに録音してしまったことを謝ろうとすると、彼は両手を上げて私を制しました。

「いいんですよ。でも私の話を載せる際には仮名にしておいてください。私はスタートラベラーたちを守りたいんです。それからどうか、ここの場所も伏せておいてください。秘密にしておきたいんです」

「安心して任せておいてください」私は言いました。

トムは両腕を広げ、私を引き寄せてハグをしながら、私が二人の会話を録音したことで自分は決して気分を害していないと再び念をおしてくれました。そして彼は私の車のところまで付き添って、道に出るまで立ったまま見送ってくれていました。彼のもとから離れていく車中で私は、トムは自分の人生においていつまでも縁の切れない存在になるだろうと感じていました。


あの運命的な出会い以降、私はトムと何度も会っています。彼ほど思いやりがあって優しい男性を私は知りません。私たちはとても仲良しになりましたが、時おり私は、彼は本当は誰なのだろうと疑問に思うことがあります。彼のことを、帰る故郷のない放浪のインディアンだと思っている私がいると同時に、自分はスタートラベラーの一人に会ったのだと思っているいる私もいます。いつの日か、私は彼に尋ねてみようと思っています。

第二章　エイリアンと廃鉱銅山

二〇一三年、チリ北部のコジャワシ銅山の採掘場の上空で、約一時間にわたって一〇メートルの大きさのＵＦＯが鉱山労働者たちによって目撃されました。彼らは嘲笑を恐れて、撮影した写真を公開せずにいましたが、一年後に鉱山関係者に記録を見せると、政府当局に提出するように勧められたのでした。異常空中現象研究所の科学者らは、一年間にわたる調査の結果、この銀色の円盤は飛行機では不可能な垂直・水平移動をしていると発表し、この不可思議な物体は人工的なものではないと報告しました。

この章では、ニューメキシコ州の整備工の男性が、同様に銅に関心を示すＵＦＯとの遭遇体験について語ってくれます。

ボウは六〇代半ばの屈強な男性で、自動車整備工としてこれまで働いてきた中で、彼の概算によれば、二千人以上もの旅行者たちを車のトラブルから救ってきたといいます。私はボウの仕事場のガレージに座って、彼が噛みタバコをクチャクチャしながら、私の愛車であるスバル・レガシィアウトバックのファンベルトを修理する姿を眺めていましたが、彼がタバコ色の唾液を吐いて、一メートル半も離れた銅製の痰壺の中に入れるのを目の当たりにして驚嘆しました。ごわごわした彼の浅黒い肌の露出している部分には、顔を除いて全てに刺青が入っていました。彫られていたものの大半はインディアン柄や歴史上の戦士たちでした。白人の男性教師とインディアン女性の間に生まれた彼は、保留地での生い立ちの苦労を語り始めました。

「周りの子たちからは、〝白んぼ〟とか〝インディアンもどき〟とか、他にも私が女性の前では決して言わないような言葉を投げかけられていたんです。父は私がベトナム戦争に行っている時に自動車事故で死にましたが、生命保険金を残してくれました。母はそれを私にくれて、それを元手に私は除隊後に修理店を開いたんです。そして今日に至っているわけです」

「お母さんはまだ保留地に暮らしていらっしゃるんですか？」

「二年前に亡くなるまで暮らしていました。生前は母のもとを毎月訪れていましたが、今では保留地には滅多に戻りません。悪い思い出が多すぎますから」

「お気持ちをお察しします。異なる血筋を受け継いだ人たちは誰もが似たようないじめに遭ってきていますから」

「保留地の外で暮らすのはいいもんです。相手にする旅行者たちの大部分は、私のことも観光名物の一つだと思うようですから。でも、また楽しい休暇の旅を再開するために私の手助けが必要なんです」

　そう言って彼は自嘲気味に笑いました。彼を見ていると、その思わずつられてしまう笑顔と、気さくな物腰、そして心に苦悩や悲しみを抱えている人を楽しい気分にさせる才能の全てが、とっつきやすくて親しみやすい印象を他人に与えているのだと分かりました。

「六〇年とちょっと生きてきた中で、私はこの世界のぁらゆるものを見てきたんですよ、お姉さん。だから何が起きても驚いたりはしないんです」

「私はあなたのレッカー車の運転手のジャスティンに、一九五〇年にファーミントンで目撃されたと言われているＵＦＯについて尋ねた時に、彼はそれよりはるかに興味深いＵＦＯ遭遇事件が最近起きていて、基本的にはまだ報告されていないって言われたんです。そして彼は、あなたがその事件の当事者で、フォーコーナーズの近くで起きた凄い出来事について知っているって言ったんです」

「まあ、そこまで言われるほどのものかどうかは分かりませんけど、一九五〇年の目撃事件について言えば、あれは不確かな報告なんかじゃなくて、ちゃんとした証人がいるんです。私の父です――神よ、彼の霊を休ましめたまえ――あの出来事は実際に起きて、その後であらゆる手立てを使った隠ぺいが行われたんです」

「私は新聞記事の記録を読む以外には、事件の詳細を知ることはできませんでした」

「この先もそうですよ、お姉さん。政府は大衆に真実を知らせたくないんです。大国政府の陰謀ってやつです。モグラ叩きみたいなもんですよ。頭を出した途端にハンマーでゴツンと……ね？」

私は彼の政府への遺恨とユーモアの入り混じったコメントに笑ってしまいました。

「最近の事件についてはどうなんですか？　あなたはこれまでの人生で驚くべき出来事をたくさん目にしてきたとおっしゃっていましたけど」

「私は当時者なんですよ、お姉さん」

「フォーコーナーズでの出来事について話してもらえますか？」私は尋ねました。

彼は壊れたファンベルトを私のレガシィアウトバックから取り出して掲げながら言いました。

「さて、これを新しいやつに取り替えます。あとちょっとで旅を再開できますよ」

「私はどこへも行きませんよ。あなたがフォーコーナーズでの出来事を話してくれるまでは」

「さてさて、ではその代金として朝食をご馳走してもらおうかなあ」彼は笑いながら答えました。

「交渉成立ね」

「それから、ひとつ断っておきますけど、起こった場所はフォーコーナーズじゃないですよ。フォーコーナーズで開かれる退役軍人を称える式典に出席するために私が車で移動していた時の出来事なんですが、どういうわけかジャスティンのやつがそれをフォーコーナーズ事件って呼んでいるんですよ」

その一時間後、私たちは、ほとんど人影のない長距離トラック用のドライブインのテーブルに着いていました。ジュークボックスからはエルビス・プレスリーの往年の曲『疑い深い心』が流れていました。カウンター席では不機嫌そうな顔をした運転手が携帯電話で話していました。ウエイトレスが朝食を運んでくると、ボウは味見もせずに卵とハッシュブラウンズ（ジャガイモと玉ねぎの料理）に塩を振りかけました。

「妻に先立たれてからは、いつも暗いうちにここへ来て朝食をとっているんです。いまはラブラドール・レトリバーのヘンリーと私だけで暮らしています。妻がいなくなった時に自宅も売却しました。今の住まいは店の裏部屋です。ヘンリーと私にはあまり広いスペースは必要ないんです。浴室とベッドと電熱器と冷蔵庫とテーブルがそろっています。保留地には母から相続したいくばくかの土地があって、そこに小さな家も建っているんですが、いまはもうあまり立ち寄らなくなりました」

「ＵＦＯとの遭遇体験について話してもらえますか？」

「一一カ月ほど前のことでした。妻のエミリーが亡くなってから、私は田舎町に引きこもっている時間が大半でした。連れ合いがいなくなった後は周りに友人の存在を必要とする人もいますけど、私は一人になりたかったんです。金曜日の正午に店じまいをした後、私はヘンリーを連れて田舎町に向かっていました。良かれと思っていろいろ言ってくる人たちから距離を置きたかったんです。私は自分なりのやり方でエミリーを悼むつもりだったので、一人っきりになって、彼女がいなくなった現実をしっかり受け止めて、二人で過ごした良い思い出を振り返る必要があったんです」

「その田舎町には生前にエミリーさんも一緒に訪れていたんですか?」

「結婚したばかりの頃は、観光旅行をする余裕がなかったので、数週間おきくらいに二人でよくそこを訪れていたんです。仕事が軌道に乗ってからは、ちゃんとした旅行にも行ける状態になったんですけど、私たちはその田舎町のほうが良かったんです。二人でよく昔のことを話題にしていました。過ぎ去りし青春時代の思い出話です」エミリーと共に過ごした日々を回想する彼の顔に、柔らかな優しい表情がふっと浮かぶ瞬間を私は見ました。

「その場所であなたはUFOを見たんですか?」私は尋ねました。

「そうです」そう言ってから彼はウエイトレスを手招きで呼んで、コーヒーのお代わりを頼み、彼女がテーブルを離れていってから話の続きを始めました。

「私はヘンリーを連れてお気に入りの場所に着いてから、テントを張って、調理台を組み立てました。そしてコールマン製のストーブを点検し、ランタンに灯油を注入しました。夕方を迎える頃までには準備が整って、星空を眺めたり歌ったりしながらキャンプを楽しんでいました」

「歌ったりするんですか?」

「私は歌が好きなんですよ。昔のカウボーイの歌です。ひとりで楽しむためです。いつも自分のギターを持参するんです。そしてヘンリーと一緒に星空の下に座って、私がギターを弾きながら、往年の名曲を口ずさむんです。ヘンリーも昔の名曲が好きで、とりわけ『転がる転がり草』がお気に入りです。この曲は知っていますか?」

私はうなずきました。「それは私のお気に入りの曲のひとつでもあります」

彼はニッコリして、両手でコーヒーカップを包み込みました。

「その晩にUFOを見たんですか?」私がそう尋ねると、彼はうなずきました。

「暖かい晩でした。ヘンリーと食事を終えた後、私はコーヒーのお湯を沸かしていました。すでに日は落ちていたので、火を起こしていたんです。私のそばにはギター、そしてヘンリーがいました。これ以上は望めないほどの夕べでした。エミリーはこんな晩のことをよく『これ以上に良いものはないわね』と表現していました」彼は少し間をおいて、コーヒーを一口すすりました。

「何時ごろに遭遇が起きたんですか?」

「午前○時ごろです。どこからともなく微かなそよ風が吹いてきました。私は異変を察知しました。その風がひんやりしたものだったからで、それはよく近くの町に嵐が起こっている際に、冷やされた空気が風となって流れてくるような現象でした。私は急に周囲が闇に包まれてきていることに気づきました。上空に目を向けると、夜空の星々は消え去ってしまっていました」

「消え去ってしまっていた?」

「最初に私は、暗雲が垂れ込めて恐ろしい嵐が近づいてきたので星が見えなくなったと思ったんです」彼は信じられないといったそぶりで首を左右に振りました。「まったくそうじゃなかったんです」

「それは宇宙船だったんですか?」

「宇宙船の中でも女王クラスの母船でした。ほとんど空一面を覆い尽くしていたんです。たとえていうなら、地面に仰向けに寝転んで、空全体を視界に入れた時、上空にとてつもなく巨大な宇宙船が浮かんでいて、夜空の星を全てさえぎって、船体の外縁にだけわずかに背後の空が見えるといった感じです。それが私の目にした光景だったんです。信じられないものでした」

「どのくらいの間それは上空にとどまっていたんですか？」

「二、三分の間です。私が仰天したのは、滞空している宇宙船の底から幾つもの光の球が飛び出してきて、田園地帯全体に散らばっていったことでした」

「どのくらいの数の光の球をあなたは見たんですか？」

「一二機、たぶんそれ以上かもしれませんが、私にはよく分かりません。とても興奮していたので、数えられませんでした」

「それでその後はどうなったんですか？」

「その母船はゆっくりと上昇して、機体をわずかに傾けた状態で、西の空に向かって、ほとんど瞬間的に飛び去っていき、視界から消えていくまで、上昇し続けていくのが見えました。すると、そよ風は完全に止んで、夜空にはまた星々がきらめいていました」

「ヘンリーの様子はどうでしたか？」

「最初にそよ風がやってきた時、ヘンリーは哀れな鳴き声を出しました。彼は嵐が嫌いで、特に雷をとても怖がっていました。彼はトラックの下にもぐりこんでいって、いってみれば、嵐が通り過ぎるまで、そこでじっとしていたわけです」

「その晩には雷は発生していたんですか？」

「それらしい音は聞こえませんでしたが、稲光は何度もありました。とても多かったんです。私まで怖く感じた時がありました。かなり近くで光っていたからです」

「宇宙船が飛び去った後で、何が起こったんですか?」

「何もありません。まったく何も。私たちはそれから一時間ほど起きていて、午前二時頃に寝ました」

「つまり、話はそこで終わりということですか?」

「とんでもありません。まだ始まったばかりです」

「彼らが再びやってきたんですか?」

「翌朝早く、ヘンリーと私はキャンプ場でいつもどおりの朝食をとっていました。私はホットコーヒーに、地元のパン屋で買ったバター付きシナモンパンといった感じです。それからキャンプ道具一式を小型トラックに積み終えた後、いつでも帰途につく準備ができていましたが、退役軍人を称える式典は正午から予定されていたので、まだ十分な時間が残っていました。それで私たちが小道の南側にある丘のてっぺんまで登っていった時、彼らの姿を目にしたんです」

「何を見たんですか?」

「エイリアンですよ、お姉さん。私が何を見たのを期待していたんですか? 眼下を見おろすと、谷底に二機の宇宙船が停まっていました。私の見たところでは、船体の周囲の寸法は約一二メートル、高さは約六メートルといった感じでした。船底から伸びた三本の脚で地面に着陸していました。船体の色は光沢のない銀色でした。さながら映画に出てくる典型的なUFOといった感じでしょう?」

私はうなずいて言いました。「似たような宇宙船を描写していた目撃者は他にも複数いました」

「それで、私は自分なりに二つの推論を立てているんです。一つは、政府がエイリアンやその宇宙船の情報をハリウッドの映画界に提供して、大衆の意識にイメージを刷り込んでいる可能性、もう一つはハリウッドの制作者たち自身が遭遇体験をしている可能性です。それに、考えてみれば、人々がエイリアンの存在を受け入れるように教化していく手段として、映画以上に効果的なものがあるでしょうか?」そう言って彼が私のほうを見てニッコリとした時、口元の金歯がきらりと光りました。

「わかっていますよ、お姉さん。あなたは私よりも陰謀論には詳しいでしょうけれど、私の言ったことも念頭に置いておいたほうがいいですよ。あなたが思っているよりは私は切れ者なんですから」

「私はあなたの聡明さに疑問を持ったりはしていませんよ、ボウ。あなたは核心に迫っているのかもしれないと私は思っています」

「それはよかった。我々は見解が一致しているっていうことですな」

「それでその宇宙船から出てきたスターピープルをあなたは目撃したんですか？」

「スターピープル？　やつらはエイリアンですよ。そんな洒落た名前で呼ぶ必要はありません。連中はエイリアンです」

「どのくらいの数のエイリアンをあなたは目撃したんですか？」

「全部で一一体ですが、尾根の向こう側にもいたので、合計一九体です」

「どんな外見をしていましたか？」

「防護服のようなものに身を包んでいました。化学物質への防護服みたいな感じで、全身をすっぽり覆っていました。そして黒いゴーグルを着けていて、服とつながったブーツを履いていて、手袋もしていました。要するに、肌は一切露出していなかったわけです。ただ一つだけ私が見慣れないものがあって、それは服装の柔軟さでした。我々の宇宙飛行士の服のような動きにくい感じではありませんでした。それから呼吸器のようなものは付けていないようでした」

「つまり私たちの大気の中で呼吸をしていたということですか？」私は尋ねました。

「ええ、まさにその通りです。私が思うに、だから連中は昆虫のような目をした小さなエイリアンよりもさらに危険な存在だと言えます」

「背丈はどのくらいでしたか?」

「連中は二種類いました。片方は人並みの身長、つまり一七七センチから一八三センチくらいでした。もう片方はもっとずっと低くて、せいぜい一二二センチくらいでした。背の低いほうは昆虫のような目をした小さなエイリアンだったと私は思います」

「彼らは何をしていたんですか?」

「採掘をしていました」

「採掘?　どういうことか説明してもらえますか?」

「背の低い者たちが廃鉱の中に入っていって、岩だか鉱石だかの塊を持って戻ってきたんです。やつらはそれをベルトコンベヤーの上に乗せて、また鉱山に入っていったんです」

「背の低い者たちが?　どのくらいの数がいたんですか?」

「背の低い者が八体いて、四体ずつに分かれ、各々の持ち場で、背の高い者たちを手伝っていました」

「なぜ彼らが採掘をしているとあなたは思ったんですか?」

「ようするに、あの廃鉱は昔は銅山だったと言われていて、ウランも採れますが、古い銅山だったことは確かです。特殊な鉱石類も採れるという噂もあって、それは現代テクノロジーに利用される貴重な鉱物で、にわか景気をファーミントン地域にもたらす可能性があるらしいんですが、それは保留地の敷地内にあるものだって考えるべきだと私は思うんですよ」

「あなたは別の持ち場にいた者たちも見たと言っていましたが、彼らは何をしていたんですか？」

「背の高い者たちが穴を開けていました。船体の側面から取りだした何かの機械で、数カ所にそれぞれ深さの異なる穴を開けていました。そこから何かの標本を採取して、背の低い者たちがそれらを受け取り、より分けをして、ある特定の物だけを選んで、残りを捨てていました」

「どのくらい長くあなたはそれを眺めていたんですか？」

「一日じゅう見張っていました。言うまでもありませんが、フォーコーナーズの式典には行けずじまいでした」

「彼らが去っていくところも見たんですか？」

「その日は日曜でしたが、翌日に備えて、私はジャスティンに電話をして、店の扉に本日休業の看板を掛けておくように頼んでおきました。連中がこの場を去っていくまで見届けるつもりでいたんです。しかしその晩に母船が戻って来て、連中は荷物をまとめて去っていきました。翌朝になってから、私は崖を降りていって現場を調査しました。ヘンリーと一緒にくまなく探し回りましたが、やつらがいた痕跡を見つけることはできませんでした」

「鉱山のほうはどうなっていたんですか？」

「鉱山の中までは入りませんでしたが、外側から見た限りでは、まるで百年ものあいだ誰も立ち入っていないかのように見えました」

「彼らがそこで何をしていたか、あなたなりに思うことはありますか？」

「標本を採取していたんだと思います。たぶんここで将来的に採掘をするためにです。おそらく自分たちの惑星でその鉱物を使い果たしてしまったか、あるいは宇宙船の運行のために必要な鉱物を手に入れるために調達場所を探していたのかもしれません。憶測に過ぎないにしても、私は我々があまりにも無防備であるように感じて不安になるんです」

「何をされることが不安なんですか？」私は尋ねました。

「まったくもう、お姉さんったら。連中の存在が脅威だと思うからですよ。そもそも、やつらが地球にやってこられるということは、それだけですでに我々よりも優っていることを意味しています。やつらはこの惑星から欲しいものを何でも奪い取っていく連中だと私は思っていますけど、我々はそれを防ぐ手立てを何一つ持っていないんです」その時ウエイトレスが勘定書きをテーブルに置いていきましたが、ボウが素早くそれをつかみ取りました。

「それはダメです」私は彼を制しました。「私が朝食をご馳走することになっているんですから。お話の代金としての朝食ですよ、忘れてしまったんですか？」

「覚えていますよ。でもこれは魅力的な淑女に朝食のお付き合いをしていただくための私なりの流儀なんです。あなたが決して断ったりはできないと私は最初から分かっていましたから」

「どうしてそれが分かっていたんですか？」私は尋ねました。

「アルバカーキにいる友人の一人があなたの本を図書館で見かけて借りて読んでいたんです。そして彼はその本のことを私に話してくれて、私にも勧めたんです。実際に私は本を買いました。修理伝票に記載するためにあなたの名前と住所を尋ねた時、私の疑いが確信に変わりました。その時あなたが誰なのかが分かったんです。有名な作家であり、ＵＦＯを信じている人だと」

「そんなに有名ではありません」私は言いました。

「でもよく知られているんです。政府はおそらくあなたの一挙手一投足を監視しているでしょう。あなたは危険人物だからですよ、分かっていると思いますが」

「さらなる陰謀論ですか？」私は尋ねました。

「陰謀論ではありません。事実そのものなんです」そう言いながら彼は店のドアを開け、私たちは外に出ました。時刻は午前四時になっていました。

「この話を誰か他の人にもしましたか？」私は尋ねました。

「二、三人の友人にだけです。我々はこの近隣一帯でエイリアンを見張っているんです。我々は自分たちのことを〝星の騎士団〟と呼んでいます。常に空を監視しながら、何か異常が見られないかどうか目を光らせているんです。何かあった際にはその調査もしています。当面のあいだ我々は名前を伏せて活動していきますが、私の話した内容をあなたが世間に伝えることは問題ありません。たぶん我々は政府と同じ方法を使って書籍や映画を通して一般大衆に警告していくべきなのでしょう。そうすることで、いつかもし大衆がエイリアンの侵略行為を目の当たりにするようなことがあっても、さほど驚かずにいられるでしょう」

別れ際に彼は再度私に警告しました。

「もしあなたが自身の警護をしてくれる誰かが必要だと感じるような事態になったら、私に連絡してください。電話ひとつですぐに私とつながります」彼は私に名刺を手渡してくれました。

「昼夜を問わず、いつでも電話をしてください」

「ひとつ質問があるんです、ボウ。あなたは昼間にエイリアンを観察していたわけだけど、なぜ一枚も写真を撮らなかったんですか？」

「私はカメラを持っていないんです」

「でも携帯電話は持っていますよね」

彼は自身の携帯電話をシャツのポケットから取り出しました。「これはスーパーで買ったプリペイド携帯なので、写真は撮れないんです。私は今風の奇妙な機器に夢中になったりはしません。メールもしません。インターネット検索もしません。フェイスブックもツイッターもしていません」

「でも、それらについては知っていますよね」

「私は間抜けな人間じゃないんです。世間の子供たちや親たちがそういうものの虜にさせられた結果として私の修理工場にやってくるありさまを見てきましたから。それとは違って私は生き方をシンプルなままにしているんです」

私は愛車のドアのロックを外し、振り返ってボウとハグを交わしました。そして彼の頬にキスをして、体験を話してくれたことへのお礼を述べました。

「エミリーがいなくなって以来、女性とこんなに話したことはありませんでした。あなたに感謝しなくてはいけません」彼はそう言いました。私が車に乗り込むと、彼は背後からドアを閉めてくれました。

「道中気を付けて、親愛なるレディよ。常に注意を怠らないで、何をする時も、私の名刺を手の届くところに置いておくように。あなたのことをいつも見守っていると言った私の気持ちは本気ですから」
私は彼に投げキッスをして、駐車場から車を出しました。彼は私の車が見えなくなるまで立ったまま見守ってくれていました。

ボウと私の出会いは、彼のレッカー車の運転手が、傷を負った私の愛車のスバルと私をボウの店に預けてくれたことがきっかけでした。あの晩以来、私はボウと会ってはいませんが、それは私たちが連絡を取り合っていないということではありません。私がどこにいようと、毎週金曜日の晩にボウは電話を掛けてきてくれています。そして二人でＵＦＯについて語り合いながら、あの晩に彼が私に朝食をおごらせるワナを仕掛けたことをしばしば振り返って話題にしています。そんな付き合いを続けていく中で、私はボウを最も親しい友人の一人と呼ぶようになりました。次に南西部を訪れる際には、彼と一緒に過ごすための二、三日間を確保する予定です。その時は、彼は全ての始まりとなったあの銅山へ私を案内してくれるそうです。さらに彼は私に伝えたい別の体験もあるそうですが、電話回線は信頼できないので私と会った時に話すつもりだと言っています。彼は自分の電話が盗聴されている可能性を疑っているのです。

第三章　私は宇宙船内で未来の妻と出会った

ディスカバリーチャンネルのＴＶシリーズ『異星人の真相を暴く』に登場している、エイリアン・アブダクションの専門家であるデレル・シムズは、この世界で四人に一人が異星人に誘拐されており、それは親子代々に渡って行われてきていると確信しています。この章では、デレル・シムズの言うことは真実であると信じる一人の青年が登場します。彼はＵＦＯの中で初めて出会った相手に対して、将来自分はこの人と結婚することになると分かったといいます。そのとき二人はまだ少年と少女でした。

コルトは米国東部の名門校に通う前途有望な医科大生でした。自分の住むモンタナ州からはあまりにも遠い東海岸へ行くべきか、実に四カ月ものあいだ悩んだ末に、彼は荷物をまとめて故郷の保留地を後にしました。二〇代後半の段階で、コルトはモンタナ州立大学で学士号と修士号を取得し、それぞれの課程で際立って優秀な成績を収めていました。私が彼に初めて会ったのは、私が教鞭を執るモンタナ州立大学における博士課程への移行の可否について彼の成績証明書を審査してほしいと学部長から紹介された時でした。コルトは保留地の女性たちから理想的な夫のモデルのように思われていましたが、彼が再び故郷に戻ってきて間もなく、部族外の女性と結婚して彼女を地元に呼び寄せたことに皆が驚かされました。それまで、彼が将来を真剣に考えている人がいることなど誰も知らなかったからです。相手の女性のシャーリーンは身長が一八三センチほどもある類まれな美貌の持ち主で、それに見合うだけの人柄の持ち主でもあったため、それまで懐疑的であった彼の親族や友人たちの心をすっかり捉えてしまいました。

コルトは公立の学校区において、高リスクの生徒を対象とする代替高校教育プログラムのカウンセラーの仕事に就いていました。そこに在籍する生徒の六三％がインディアンでした。北米インディアンの生徒の授業態度を是正する二年後目標の実験プログラムを実施していた彼は、私と仕事の上で関わることも度々ありました。私は調査内容を評価する役を担っていたからです。プログラムを修了した生徒は、授業態度の変化を査定され、卒業まで二年間の追跡調査を受けるか、もしくは中途退学していきました。コルトはプログラムを運営しながら、私と頻繁に会って、生徒の変化の度合いを吟味したり、教育的介入の効果について話し合ったりしていました。代替高校の築二百年の校舎には会議用の部屋が無かったので、私たちは仕方なくランチルームを使ってプログラム評価を行っていました。

ある日、そこでの小休止の時間に、コルトは私に向かって言いました。

「僕はUFOの中で自分の妻に会ったんです」私は彼の顔を見上げました。彼は肩をすくめてみせて、私から顔をそらしました。「あなたはUFOとの遭遇体験に関心があると聞きました。僕のこれまでの人生の全てがそれだったんです」

私は彼の突然の告白に、あっけにとられてしまいましたが、彼の声とその表情には本気さが現れていました。彼は真剣な態度を示していたのです。

「UFOの中で配偶者に会ったという話はこれまで聞いたことがないものだけど、よかったらあなたの体験を私に話してもらえるかしら?」

彼はうなずいて、それから長い吐息をもらしました。

「そのころ僕はまだ子供だったんです。一一歳で、一二歳になりかけていた頃でした」彼はそこで言葉をとめて、私を出口のほうへ誘いました。そこはフェンスに囲まれた、もう使われていない古いバスケットコートにつながっていました。ダイヤ型に編んだ鋼鉄ワイヤーのフェンスに面したベンチに私たちは腰を下ろしました。

「こんな感じのコートで僕はバスケットボールを教わりました」

私は土がデコボコに固まったコートの地面を眺めていました。彼が話を続けました。

「ご存知のように、僕らインディアンはフットボールができないって言われていますけど、ひとたびバスケットコートに立たせたら、もう誰にも僕らを止めることはできません。それは、昔からインディアンは北米の大平原での戦いにおいて、決して敵に自分の体に触れさせないクー数えの戦をしてきたからだって、あるスポーツライターが書いていたのを読んだことがあります」

私は〝クー数え〟という表現をよく耳にしていました。それは戦いにおいて敵を殺すことはせずに、クーと呼ばれる棒で叩くか触れるかだけで済ます行為で、北米の大平原で他の部族と戦うインディアンの戦士にとって最高の栄誉とされるものなのです。

コルトは足元の小石を拾い上げてフェンスに向かって投げ込みました。小石は固まった土のグラウンドの真ん中に落ちました。

「たぶんその通りなんでしょう。僕たちは相手を殺すよりも、触れるだけにするほうを選ぶんでしょう。僕の祖父によれば、クー数えは真の英雄的行為なんだそうです」

「あなたの言う通りかもしれないわ。でも、あなたが私をここに連れてきたのは、バスケットボールの話をするため？　それともＵＦＯのこと？」私は彼に笑いかけながら言いました。

「あなたはＵＦＯの中で自分の妻に出会ったって言っていたけれど、あなたの記憶にあるスターピープルとの出会いの中で最も初期の頃のものを話してもらえるかしら？」

「クー数えは適切な対応です。僕は敵に会いました。彼らに触れましたが、殺しはしませんでした」

彼のいう相手がバスケットボールの敵チームではなく、異星人であることを私は分かっていました。

「ことの発端から話してもらえるかしら?」私は尋ねました。彼は腕時計を見て時間を確認してから、うなずきました。

「記憶をさかのぼって思い出せるのは、自分がいつも夏を心待ちにしていたことです。それは僕にとって自由を意味していました。一一歳頃まで、僕はよく二階の窓から抜け出て、家の屋根によじ登り、そこで寝袋の中に入って星空を見上げながら眠りに就いていたものでした。夏の間は暑い日が続いていて、保留地にはエアコンがなかったんですよ」そう言って彼は笑いました。

「ある晩、上空にUFOが旋回しているのを目にしたんです。それは僕の家の真上までやってくると速度を緩め、しばらくそこでホバリングを続けて、僕の頭上で宙に吊るされたように浮かんでいて、そのあと飛び去っていきました。その次の晩、僕は期待を胸に待ち構えていたんですが、UFOはやってきませんでした。そして四日目の晩になってそれはまた戻ってきたんです」

「あなたは怖くは感じていなかったようね」

「ぜんぜん。僕はワクワクしていました。連れ去られた時のことは覚えていないんですが、自分が宇宙船の中にいて、そこにはたくさんの他の子供たちがいたのを覚えています。そこで自分が結婚することになる女の子を見かけたんです」

「その晩に見かけたその女の子があなたの奥さんのシャーリーンだとあなたは感じているわけね？」

「あの時の子が彼女なんです」彼は言いました。

「あなたの記憶にある少女が今の奥さんだとどうして分かるのかしら？」

「その子が笑った時に口元に見えたすきっ歯と、そのとき着ていた服を覚えているからです。全てを思い出したんです。当時から彼女は背が高くて、僕よりも高かったんですよ」そう言って彼は笑いました。「今では僕のほうが高いんですけど、そんなに差はありません」

「その晩のことを話してもらえる？」

「とても暑い夜でした。昼間は三八度ほどもありました。夜に屋根に登った時、その表面がまだ熱かったので、家の中に戻ろうかとしばらく考えていたんですが、その場でシャツとズボンを脱ぎ、寝袋を広げて、その上に座りました。そうやって夜風が屋根を冷やしてくれるのを待っていたんです。するとまもなく、北のほうの空に明るい光の球が見えました。それまではそこに無かったものです。するとその光の球は白から青へと色を変えただけでなく、そのサイズもどんどん大きくなっていきました。そして自分の近くまでやってきた時、それが星ではなく宇宙船であることが分かりました」

「星ではないと分かった時、あなたはどんなふうに感じたの?」私は尋ねました。

「好奇心に駆られてワクワクしました。幼い頃から僕はスターピープルの存在を確信していたからです。学校での年長者を迎えた授業の中でも、古くから伝わる物語を聞かされていました。そこで個人的にいろいろ質問したのを覚えていますが、彼らは僕が信じていることは真実だと言ってくれました。そして、スターピープルは大昔からずっと地球を訪れていて、彼らの存在を否定することは自分たちの存在を否定するのと同じようなものだと言っていました」

「これまで怖いと感じたことはないの?」

「興奮はしましたが、怖いとは感じませんでした」

「それが宇宙船だと気づいたのはいつ?」

「すぐにそうだと分かりました。ずっと目を離さずにいたからです。最初に星を眺めていて、それから光が現れて、でも次に覚えているのは宇宙船の中に自分がいたことで、そこに至る記憶はありません」

「宇宙船の中での最初の記憶を話してくれる？」

「広大な円形の領域にいました。アリーナのような場所です。均質のドーム型の天井に覆われていました。窓はありませんでした。室内には何もなかったんです。椅子すらもありませんでした。ただ非常に多くの子供たちがいただけです。全員が同年代のようでした。室内には奇妙な臭いが漂っていました。薬品のような感じのものです。病院の廊下で嗅いだ臭いに似ていました。部屋の中央に三人の少年が座っていました。彼らはみな右往左往していました。僕は彼らに歩み寄ったのを覚えています。しゃべっているのはその三人だけだったからです。彼らにここはどこなのかと尋ねたら、彼らは僕のほうを見て、君のズボンはどこなんだと笑いながら尋ね返してきました。僕は下半身に目をやって、自分が下着姿のままでいることに気づきました。それは黒いボクサーパンツで、赤い悪魔のイラストがあしらってありました。クリスマスに父がおふざけでくれた贈り物でした」そう言って笑った後、彼は立ち上がって、あの晩のことを思い起こしているかのように、前方の街路のほうを眺めていました。

「そこにいた子たちはみんなインディアンだったの？」私は尋ねました。

「いいえ。僕たちはまるで虹のようでした。中国人か日本人のような子たちもいたと記憶しています。彼らはどこか他のところから来ていたんでしょう。僕は中国人と日本人の写真を見たことがあったので、その外見については知っていたんです。でも韓国人であった可能性もあります。学校には韓国人の赤ちゃんを養子にしていた先生がいたんです。だからたぶん韓国人だったんでしょうね」

「他にはどんな子たちがいたの？」

「赤毛の女の子、金髪の女の子、浅黒い肌の女の子、そして黒人の男子と女子です。ナバホ族やホピ族の子たちもいました。彼らの衣服や髪型から確かにそうだと分かりました。パウワウ（訳注　インディアンの舞踏集会）の集会でそれらを見たことがあったんです。彼らは僕らとは違っていました」

「あなたは船内にいる誰かと話したの？」

「僕にズボンのことを尋ねてきた少年たちのことしか覚えていません。意識がはっきりしていたのは、僕を除けば彼らだけです。ほどなくして、あの奇妙な背の高い男たちがやってきて、僕たちを二人一組のペアにしました。僕が組まされたのは浅黒い肌の女の子で、波打った長い黒髪をしていて、僕の手を握っていましたが、まったくしゃべりませんでした。彼女の震える手と汗の感触を僕は今でも覚えています。僕は彼女に向かって、自分がついているから心配しなくていいと言ってあげました」そう言って彼は笑いました。

「たぶんその時は、自信に満ち溢れていたんでしょうね……保留地のタフなチビッ子アウトロー気取りで」彼は立ち上がって、私の前をゆっくりと歩きました。

「あの男たちは僕らを小部屋に連れていって、体に機械を当てました。それは手持ちの機械で、僕の腕を刺して血を採りました。血が見えたのでそう分かったんです」

「怖かった？」

「いいえ。怖がらなくていいと彼らは僕たちに言って、彼らに協力してもらっているんだと説明しました。きっと僕は彼らのことを信頼していたんでしょう。なぜなら、さからったり、もがいたりした記憶が全くないからです。僕はそこにいて幸せを感じていました。当時の僕は反逆児のレッテルを貼られていて、学校でもときどき問題を起こしていました。僕は大人に指図されるのを徹底的に拒否していたからです。それは僕自身の成長過程における反抗期であって、深刻なものではありませんでした。父は僕がこのまま反抗を続けるなら徹底的にお仕置きをするぞと言って、僕の態度を改めさせました」

そう言ってしばらく間を置いた彼は、何か考え込むような表情で、私のほうを見ました。

「でも、なんらかの理由で、僕は異星人たちに問答無用で従わされていたのかもしれません」

「他に何か思い出せることはある？」

「僕らを連れて行った人たちは背が高くて、とても高くて、色白でした。これまで僕が見たことがないような長い指をしていました。かつて学校の音楽の先生が、指の長い生徒は上手なピアノ演奏者になると言っていたんですが、僕は彼らは世界中で一番ピアノが上手いんだろうと考えていたのを覚えています。彼らは白い制服に身を包んでいて、そこにはライトブルーの袖章が付いていました」

そう言って彼は足元の棒切れを拾って、地面に円周を描き、その中に三個の小点を並べました。

「これが僕の覚えている記章の形です」

「背の高い白肌の男たち以外に何か見た？」

「それは何か奇妙な生き物を見たかということですか？」

「ええ」

「見ていません。背の高い白肌の男たちだけです」

「あなたの奥さんについて教えて。どこで彼女に会ったの？」

「彼女に会ったのは最初に宇宙船に乗せられた時です。彼女はグループから離れた場所に一人で立っていました。ラベンダーの花をあしらったドレスを着ていて、背中から腰帯を垂らしていました。ドレスのことを覚えているのは、そのラベンダーが僕の母の花壇にあったものと似ていたからです。その子が振り返って僕のほうに顔を向けた時、そこには表情というものが全くありませんでした。僕は今すぐにでも彼女のもとへ駆けよって、何も心配することはないんだからって声をかけてあげたかったんですが、足を一歩前に踏み出した矢先に、彼女は連れて行かれてしまいました。彼女がこちらのほうを見ることは二度とありませんでしたが、すれ違い際に見たその横顔もまったく無表情のままでした」

「彼女はあなたの保留地から来ていたの？」

「いいえ。僕は彼女のことを白人だと思っていたんですが、後年になってから彼女は白人の母親と、インディアンの血が混じった父親から生まれていたことを初めて知りました。僕も似たようなものなんです。父は純血のインディアンですが、母は白人です。話は戻りますが、ラベンダーの服を着た彼女はグループの中にいた他の少女たちよりも背が高かったんです。その時ですら、ひときわ目立っていました。当時は彼女がどこから来たのか僕は知らなかったんですが、いつか彼女と結婚することになると分かっていました。不思議なのは、スターピープルもそれに賛同していることが分かっていました」

「それで、どうやってシャーリーンと出会ったの？」

「地上でということですか？」

「ええ、地上で」

「彼女が高校生になるまで会っていませんでした。僕が高校三年生の時、仲間とみんなでデンバーのパウワウの集会に行ってみようということになったんです。そこで彼女と会ったんです。ラビットダンスの時間になったことがアナウンスされると、僕は彼女にダンスのパートナーになってほしいとお願いしました。そこからが物語の始まりというわけです。それから僕たちは連絡を取り合うようになって、可能な限り二人で会って、パウワウの集会がある度に一緒に参加し、お互いに卒業を待たずに婚約したんです。彼女は僕のもとに来る運命だったんです。スターピープルが彼女を僕のために選んだんです」

「彼女のことについて、これまで友だちに話したことはある？」

「いいえ。彼女のことは秘密にしていました」

「シャーリーン本人に、あなたが彼女をUFOの中で見たことについて話したの？」

「ええ、話しました。彼女のお母さんの家にいた時にです。初めは彼女は僕の話を信じませんでしたが、彼女が着ていたドレスの特徴を僕が言うと、彼女は廊下に行って杉の木箱の中から僕が言っていたドレスを引っ張り出してきました。それは彼女の一〇歳の誕生日に父親から贈られたドレスでした。その晩に彼女はそれを着たまま眠りに就いていたので、僕がUFOの中で彼女を見たのも同じ晩だと思います。それから間もなくして彼女の父親は亡くなってしまいました。彼女はそのドレスをこれまで二回だけ着ています。最初は自身の誕生日パーティの晩、二度目は父親の葬儀の時です。それ以降、彼女はそのドレスをしまい込んだままにしていました。彼女がドレスを僕に確認させるために差し出してくれた時、僕は彼女が僕のことを信じてくれていることが分かりました」
「スターピープルは今でもあなたのところへ来ているの？」私は尋ねました。
「少なくとも年に一度は来ています」
「あなたの奥さんのところへは？」
「もし来ているとしても、彼女はそれを覚えていなくて、僕自身も彼女がいなくなってい
た時間というのは記憶にありませんが、僕はとても眠りが深いんです。彼女がいなくなって
いた可能性はありますし、それに僕が気づいていないこともあるでしょう」
「彼らが人間にテストを施している理由について、あなたに思い当たることはある？」
「進化の過程を見ているんです。彼らは惑星上のあらゆる生命体の進化の形態について正
確に記録を取り続けてきています。動物や植物についてもです。彼らは、地球人類は大きく
なってきてはいるが、良くなってきてはいないといいます。人類は良くなっていくべき存在
であり、宇宙の他のいかなる場所においても、人間型の居住者たちは良くなっていっている
といいます」
「彼らの定義する〝良くなる〟とはどういう意味かしら？」私は尋ねました。
「僕の理解したところでは、良くなるとは、知性の発達と長寿化だろうと思います。彼ら
が言うには、地球人はもっと長寿であるべきなのに、大きくなっていきながらも、知性を低

下させていて、寿命の長さも停滞しているそうです。彼らが抱えている命題は、進化が期待とは正反対の方向に展開していく状況というものは存在するのかということです。進歩する代わりに僕たちは退歩しているからです。これは興味深い命題です」

「彼らは地球人類のことを気にかけているとあなたは思う？」

「いいえ。彼らは、やろうと思えば、あっという間に人類を地球から一掃してしまえると僕は思います。彼らが気にかけているのは自分たちの調査であることを僕は知っています。その結果を彼らが重視するかどうかについては、僕には分かりません。もし結果を重視して、地球人のことを受け入れ難い存在だと思った場合、彼らがどういう行動に出るかについては、僕は一切考えないことにしています。彼らは常に敬意をもって僕に接してくれています。彼らが僕に苦痛を与えたことは一度たりともなく、標本の採取や実験の遂行の際には、必ず僕の許可を求めています」

「どんな種類の実験なの？」

「大部分は知性に関するものです。パズルを解かせる実験とか、時間を測定する実験です。僕の手に負えない実験は何もありません」

「あなたは今でも彼らと会うことを心待ちにしているの？」

「もうそういう気持ちではありません。僕の妻はいま妊娠しているんです。僕はお腹の子たちに――僕たちは双子を授かっているんですが――次なる調査の対象にはなってほしくないんです」

「どうやってそれを阻止するつもり?」

「僕にはよく分かりません。その状況に直面するまでは、一数えをしていくつもりです」

彼はそう言って私にウインクしました。その時、学校のベルが鳴り、彼は腰を上げました。

「あれは我々への仕事開始の合図です。次のグループの生徒たちに面会する用意はできていますか?」

私は生徒たちへの実験プログラムの査定を続けるため、彼の後に続いて校舎内に戻りました。

その後も私はコルトと頻繁に会っています。彼はオンラインの博士課程に入学したところです。私はスターピープルが人間に行っている調査について、しばしば思いを巡らせています。人間として、私たちは他の人間について調査をしていますが、それは進化した種族が私たちに調査を実施するのとは別の種類のものです。人類として私たちが期待通りの進化を遂げていないのは残念なことです。スターピープルのほうも私たちの状況を残念に思っているのではないでしょうか。

第四章　南西部の保留地に墜落したＵＦＯ

二〇一五年二月、カナダのマニトバ州のジャックヘッド部族集団保留地にあるウィニペグ湖の凍った湖面にＵＦＯが墜落したという目撃情報が明るみに出ました。墜落の様子は何十人もの住民によって目撃されたといいます。伝えられたところでは、現場の写真を撮影した一人がカナダ軍によって身柄を拘束され、写真も押収されて、数時間後に軍部が現地に機材を持ち込み、墜落現場を周囲から一切見えないように封鎖したといいます。そして部族民たちに対して、現場への立ち入りと特別保留地から出ることを禁じる通達がなされ、兵士たちが各々の家を個別に訪れながら、緊急事態訓練の実施中である旨を伝えて回ったとされています。これは、軍部が一般市民を威圧して証拠物を押収したと伝えられてきた数多くの事例の一つに過ぎません。

この章では、これまで一度も伝えられたことのない、米国の南西部で起きた出来事をご紹介します。

私がＵＦＯの墜落と、その後に行われた軍部による隠ぺいについての話を耳にしたのは、二〇年ほど前、高校のバスケットボールの試合に随行した日の晩のことでした。試合終了後、私はそのシーズンの終了を祝う保護者のグループによる夕食会に参加しました。その晩の予定を最終的に決めるために皆が駐車場に集合している時、保護者の一人が空に閃光を見たと言いました。その瞬間から、一同の話題はＵＦＯに関するものとなり、その話は町に一軒だけのレストランで全員が席に着くまで続きました。ある親は、保留地に何百人もの兵士が送られてきたという不可解なＵＦＯ事件のことを語っていました。

「一切口外をしないようにと私たちは言われたんですよ」ドノヴァンという名の男性が言いました。

彼の口ぶりには緊張の色がうかがえましたが、それは地元チームの最も荒っぽいファンである彼には全く似つかわしくないものでした。シングルファーザーのドノヴァンは、高校時代にガールフレンドが妊娠した際に〝積極的に打ちにいった〟男として保留地内で有名になっていました。やがて赤ん坊が生まれた時、彼のガールフレンドはその子を養子に出すことにしたと彼に告げてきましたが、ドノヴァンは両家族の間に割って入って、自分の息子を一人で育てていく責任を引き受けました。

「今はもうしゃべってもいいんですか？」私は尋ねました。

「決してしゃべってはいけないことになってはいますが、たぶんもう時効でしょう」

その時、グループの一員のビルが口をはさみました。

「一晩の量としては十分すぎるほどの興奮をみんな味わったと思うんです。だからもう今宵はそろそろお開きにしましょう」

ビルによる終了の合図に全員が同調し、それぞれがお勘定を済ませて、出口へと向かいました。

駐車場でドノヴァンが私を自分のほうへ引き寄せて言いました。

「もし機会があったら、保留地が一斉に停電になった時のことをみんなに尋ねて回るといいですよ。興味深い話が聞けるかもしれませんから」

私は翌朝には保留地を発つことになっていたので、ドノヴァンの言ってくれた通りに尋ねて回る時間はありませんでした。

それから歳月が流れ、私が最初の本『スターピープルとの遭遇』を出して間もなく、ドノヴァンから自分のことを覚えているかとのメールをもらいました。その日から1カ月間、私は彼と数日ごとにメールを交わしました。ある朝に届いた彼のメールを開けると、それは二〇年前の夕食の席で彼が話題にしたUFO墜落事件に関するもので、もし自分の家の近くまで来る機会があったらぜひ会いたいと書いてありました。彼は現在、保留地から八〇キロほど離れた小さな町に住んでいました。

「話しておくべきことがあるんです」メールで彼はそう述べていました。

昨年、州の南西部に小旅行をした際に、私はドノヴァンを訪ねてみることにしました。ホテルに着いてからさっそく彼に電話を入れると、翌日に国道六六号線からさほど離れていない田舎風のカフェでランチを兼ねて会おうと提案してきました。カフェに入った私はすぐにドノヴァンの姿を見つけました。彼はそんなに変わっていませんでした。以前と同様に、ひょろりとした長身で、髪を短く刈り上げていました。彼は店の角のブースに年輩の男性と並んで座っていました。ドノヴァンは私を目に留めると立ち上がって手招きをしました。

「ここにいるのは私の叔父のラルフです」彼は着席する私に男性を紹介しました。「あの晩にＵＦＯが墜落して保留地の半分の世帯が停電した時、彼は部族の電気会社で主任技師をしていたんです。彼が墜落現場の第一発見者です」二人が親族であるのは一目瞭然で、ラルフ叔父さんの長いお下げ髪が白くなかったら、二人は兄弟として通用していたでしょう。とはいえ、ラルフ叔父さんは八〇代であるように見えました。

「我々に会いに来て下さってありがとうございます」ラルフ叔父さんが言いました。

「もう二〇年も経ってしまいましたけど、ずっとあなた方のお話を聞きたかったんです」

「食べ終わってからにしましょう」ドノヴァンが言いました。「ラルフ叔父さんは糖尿病なので、毎日決まった時間に食事をしなくてはいけないんです」

食事をしながら、私はその停電の夜に、ドノヴァンの父親がラルフ叔父さんと一緒に墜落現場と思われる場所に行っていたことを知りました。事件当時、ラルフ叔父さんはドノヴァンとその両親の家に一緒に住んでいたのです。

「父さんはラルフ叔父さんを一人で現場に行かせたくなかったんです。いつも弟を見守っている兄の心情ってやつです。おわかりでしょう?」

私はうなずいてから尋ねました。

「つまりあなたのお父様も墜落事件の目撃者ということですか?」

「はい。残念なことに父さんは僕が大学生の頃に癌で亡くなってしまいました。彼は自分の癌はあのUFOが原因だとずっと言っていました」

「それはどういう意味ですか?」

「彼は自分が放射線か何かを浴びてしまって、それが癌を引き起こしたと信じていました。真相は誰にも分かりませんが、彼の言う通りだったのかもしれません」

「あなたはどうだったんですか、ラルフさん? あなたも何らかの影響を受けましたか?」

「いいえ、私の健康状態はその後も問題ありませんでしたが、ドノヴァンの父親のヒルトンは、私よりも物体に接近していたんです。ヒルトンはちょっと向こう見ずなところがあって、宇宙船にまっすぐ歩み寄っていきました。彼は船体を触ってすらいたんですが、私は一五メートルほど離れた場所から見ていただけでした。私はそこまで勇敢ではなかったんです」

「あなたはその晩のことを鮮明に覚えていますか？」私はラルフ叔父さんに尋ねました。

「まるで昨日のことのようにはっきりと覚えていますよ」そう言って彼は話し始めました。

「さきほどドノヴァンが言っていたように、保留地が真っ暗になったあの晩、兄のヒルトンと彼の妻の家に私もいました。もちろんドノヴァンも一緒です。深夜〇時近くに私の勤め先から呼び出しの電話がかかってきました。私はちょうど床に就いたばかりで、まだ眠りに落ちてはいませんでした。部族の電気会社には、専門学校を卒業してすぐに雇用されていて、その時は入社してまだ三カ月しか経っていませんでした。広範囲の停電は、保留地の大部分の世帯に及んでいました。対応に必要なものを用意するために、ただちにトラブルの発生個所を突き止め、原因を調べて報告するように命じられました。ヒルトンは私が手助けを必要とする際に備えて自分も現場に同行すると言いました」

「現場に到着した時に、そこで何を見たんですか？」私は尋ねました。

「電線が垂れ下がっていましたが、それが普通の事故ではないことに気づくまでにはあまり時間を要しませんでした。電線は切断されていたんです。単に切られていたんです。電柱の方から続いている深い溝をヒルトンがたどりながら、その痕の長さを巻尺で測っていました。その時我々はＵＦＯを目にしたんです。それは電柱から九〇メートルほど離れた場所にありました」

「宇宙船の形を説明してもらえますか?」

「フットボールのような形でした。楕円形をしていて、上部にドーム型の突起がついていました」

「墜落した宇宙船の周辺に……」そう私が言いかけると、ラルフ叔父さんが口を開きました。

「宇宙人の姿があったかということですか?」

そう言ってからラルフ叔父さんが少し間をおくと、彼の年輪を重ねた手の上にドノヴァンが自分の手をそっと重ねました。ラルフ叔父さんは話を続けました。

「船体の外に三体を確認しました。一体は地面の上に倒れていて、二体はドアのところで押しつぶされていました。ヒルトンが彼らを助けに行こうとしたので、私は彼を押しとどめました。三体とも死亡しているのは確かだと思ったからです」

「彼らがどんなふうな姿だったのか説明してもらえますか?」私は尋ねました。

「彼らは小柄でした。身の丈はたぶん一二〇センチから一五〇センチくらいだったでしょう。ただ、とても痩せていて、まるで栄養失調のような体つきでした。極端に細かったんです。薄い色のつなぎ服を身に着けていました。そして頭にはスカルキャップ（頭にぴったり合う縁なし帽）をかぶっていました。ドアのところにいた二人は脱出を試みていたんだろうと思います。鼻を刺すような酷い臭いがしていたのを覚えています。私は二メートル近く離れた場所にいたにもかかわらずです」

「彼らは人間の姿をしていたと言えますか？」

「人間の姿をしていました。ただ、死体係の兵士の一人が、遺体は六本指で、頭髪はなかったと言っているのを耳にしました」

「死体係？」

「はい。彼らは自分たちをそう呼んでいましたが、彼らは船内でさらに五体を確認しました。全員死んでいました」

「兵士の話が出てきましたけど、いつ軍部がやってきたんですか？」

「私が状況調査を終えて、通信指令係に連絡を入れた際に、軍隊が現場に向かっていると言われました。それを聞いて私はヒルトンを帰宅させたんです。ここに居合わせたことで彼を厄介な問題に巻き込みたくなかったんです。私は軍隊が自分の身柄を拘束して、あれこれと尋問してくるのではないかと思っていたんです。だから彼らがここに到着する前に彼を家に戻したんです」

「軍隊がやってきた時、彼らは何をしたんですか?」

「即座に周囲数キロの範囲を立ち入り禁止にし、あらゆる方向にバリケードを張り巡らせました。私はテントが設営された場所へ連れていかれて、そこにとどまっているように命じられました。二人の兵士が常に私の傍に付いていました」

「その付近の住民たちはどうだったんですか? 周辺には他に誰もいなかったんですか?」

「誰も見かけませんでした。現場は片田舎で、起伏に富んだ丘のある場所でしたから、夜間に外に出る用事がある人は誰もいなかったんでしょう。遅い時間でしたから、おおかたの人たちはもう寝てしまっていて、停電になっていることにすら気づいていなかったでしょう。停電になってから二時間以内に軍隊はやってきていました。彼らはよく統率されていました。まるでこういう時のために訓練を重ねてきていたかのようでしたが、あるいは既に経験があったのかもしれません。実際のところ、部族の電気会社が停電の報告をする以前に彼らはUFOの墜落を知っていたんだと私は思います。また彼らは保留地内の学校と全ての商業活動を休止させて、各家庭を個別に訪れながら、家の中に待機しているように指示していました」

「それはどのくらい続いたんですか?」私は尋ねました。

「私の記憶では三日間続いたと思います」ラルフ叔父さんが答えました。

「教育長が学校を一週間休校にしたのを私は覚えています」ドノヴァンが説明を添えました。

「軍隊は、横転して電線を切ったセミトレーラーから有毒物質が漏れたっていうストーリーをでっちあげました」ラルフ叔父さんは言いました。「彼らは、空気中に拡散した物質を吸い込んだら健康に支障をきたし、場合によっては死に至る恐れがあるので全員室内にとどまっているようにと命じました」

「彼らは、食料の備蓄がない家庭もあるかもしれないと考えて、住民に軍の糧食を配ってすらいました」ドノヴァンが言葉を挟みました。

「ラルフさん、あなたはいつ軍隊の人たちから解放してもらえたんですか？」私は尋ねました。

「全てがきれいに片付けられるまでは解放してもらえませんでした。まず、防水シートにすっぽりと覆われた荷物を積んだ二台の平床トラックが現場から出て行って、それからブルドーザーがやってきて、地面にできた深い溝、つまり墜落現場の痕跡が消えるまで地ならしをしていました」

「それらのトラックをあなたは見たんですか？」

「それらが何か非常に重量のある機器を運んでくるのを見ました。そして兵士の一人が防水シートについて話しているのを耳にしました。シートは特殊なヘリコプターによって上空から落下させられました。それは墜落現場にあるものを覆い隠すためだと兵士が言っていました」

「軍隊から通達された作り話を住民たちは受け入れていたんですか？」

「それ以外にないでしょう？　彼らは状況を何も知らなかったんですから」

「軍隊はあなたを解放する時に何か言いましたか？　それともただ立ち去らせただけですか？」

「とんでもないです。彼らは私がその晩に目にしたものをしゃべるようなことがあったら、私と私の家族のところへ迎えをよこすと言い、自分たちは誰にも分からないように仕事を済ませることができるんだと脅しました。そして私がどこに行こうと見失うことはなく、いつでも見張り続けていると」

「その言葉をあなたは信じましたか？」

「はい」

「ドノヴァン、あなたはこのＵＦＯ墜落事件のことをどうやって知ったんですか？」

「私は八歳児の視点から事の成り行きを見ていました。とても怖い夜でした。まったく明かりがなかったんです。母さんは私を寝かしつけようとしましたが、私は寝ないで一緒に起きていたいって言い張ったんです。とうとう母も折れて、薪ストーブの前に寝床をこしらえて、二人で待つことにしました。やがて父が戻って来て、自分が見てきたことを話してくれました。父がたいそう怯えていたのを私は覚えています。あんなに怯えている姿を見たのは初めてでした。父がタバコに火をつけようと苦心していた姿を覚えています。あまりにも手が震えてしまっていたので、私が代わりに火をつけてあげました。その晩に自分はちゃんと寝たのかどうか、よく分かりません」

「お父様はＵＦＯのせいで癌になったと信じていたってあなたは言っていましたけど、それから何らかの異変に気づいたことはありましたか？」

「父さんは敬虔なカトリック教徒でした。彼は神が他の惑星に別の生物を創造していた可能性を認めることができずにいました。しかしそれを目の当たりにしてしまったために、自身の信条との間で板挟みになっていたんです。彼は長い年月の間そのジレンマを抱えたまま静かにもがいていました。そして自分の目にしたものを正当化することが一度もできないまま、不幸せな人間として生涯を終えたんです」

「あなたはどうなんですか？」

「私はＵＦＯを信じています」ドノヴァンは答えました。「私はフラッシュ・ゴードンや一九五〇年代のＳＦ映画を観て育ちました。そしていつか宇宙を巡る旅をしながら、さまざまな異星人の種族に出会う自分を想像していました。ですので最初はワクワクして父の話を聞いていたんですが、ラルフ叔父さんが三人の軍人に付き添われて帰宅してきた様子を見て、何やら重大なことなんだと分かりました」

「何が起きたんですか?」

「彼らが私を自宅まで送り届けたんです」ラルフ叔父さんが答えました。

「そうなんです」ドノヴァンが言いました。「彼らはラルフ叔父さんが車を持っていないことに気づき、推測をした結果、彼をここに送り届けた第三者がいるということが分かったんです。そこで彼らは家の中に入ってきて、私の母、父、ラルフ叔父さん、そして私の四人を居間に集合させせました」

ドノヴァンはそこで言葉をとめて、彼の叔父のほうを見ました。ラルフ叔父さんは何か物思いにふけっているようでした。そしてラルフ叔父さんはドノヴァンの肩に自分の片腕を回して、私の知らない部族語でドノヴァンに何かを語りかけてから、うなずきました。

「兵士たちは私たちにこう言いました」ドノヴァンが口を開きました。「墜落したのはテスト用の飛行機で、それは国家機密であるために、決して口外してはならないと。もし誰かにしゃべるようなことがあったら、私たちの家族はこすり落とされることになると。そう言ったんだよね、ラルフ叔父さん? 彼らは〝こすり落とす〟って表現を使ったんだよね?」

ラルフ叔父さんはうなずきながらも、言葉を発することはありませんでした。

「三人の中で年長の兵士が」ドノヴァンが話を続けました。「私の目を見ながら、自分の父親と叔父が死んでいる姿を見たいかと聞いてきました。私は恐怖のあまり泣き出しそうになりました。すると相手は、私が口を閉ざしている限りは何も心配することはないが、もし話してしまったなら、彼らは私を探し出すと言いました。ですから私は沈黙を強いられて、これまでずっと秘密にしてきたわけです」

「一度もしゃべったことはなかったんですか？」

「ある晩、友人数人とポーカーをしていた時、三日間の停電を引き起こしたＵＦＯ墜落事件について聞いたことがある者はいるかと尋ねてみたことがありました。すると驚いたことに、そのうち二人がその噂を耳にしていたんです。彼らの父親は共に部族の電気会社で働いていましたので、きっと何らかのかたちで情報が漏れたんでしょう。話を聞いていた友人の一人は、墜落したのは軍用機だろうと言い、噂を聞いていた二人のほうはＵＦＯだと考えていました。そうは言っても、その時そこにいた誰もが、墜落事件は実際に起こったことで、それは軍事機密であり、話題にしてはならないものであることを確信していました」

レストランを出た後、ドノヴァンとラルフ叔父さんは私を墜落現場に案内することを申し出ました。

「そこには何もないんです」ドノヴァンが言いました。「証拠は何も残っていません。でもＵＦＯが墜落した場所に立ってみたいとあなたが思われるのなら、我々がそこへご案内しますよ」

「軍隊が去っていった時のままの状態になっています」ラフル叔父さんが言いました。「軍隊が去った後は、そこで何かが起こったような痕跡は何もありませんでした。彼らは自分たちの専門チームを現場に寄こして、電線を直していきました。部族の電気会社は修理をしていません。他に誰一人として真相に気づく者が出ないように、彼らは万全の策をとったんです」

現場付近に差し掛かった時、私たちは幹線道路からそれて未舗装の道に入っていきました。そして一キロ半ほど進んだところで、ラルフ叔父さんが墜落の現場を指さしました。

「あそこにあったんです。決して忘れはしません」ラルフ叔父さんは言いました。「この事件のことを話せる存命の人間はもうドノヴァンと私しかいません。現場にいた何人かの兵士もまだ生きているでしょうが、自分から話そうとする者は誰もいませんでした。私はお迎えが近い人間です。創造主に会う前にあの出来事について話しておきたかったんです。ドノヴァンがあなたと連絡を取り合っていることを私に話してくれて、あなたがＵＦＯとの遭遇体験についての本を書いていると知って、私はあなたに会わなければいけないと彼に言ったんです。話しておきたかっただけでなく、私には話す必要があったんです」

今でも私はラルフ叔父さんのことをよく思い出しています。軍部はこの事件が明るみに出ないように巧みに隠ぺいしましたが、ラルフ叔父さんとドノヴァンが真実を語っていることについて、私はひとかけらの疑いも持っていません。それは単に彼らが伝えたかったことではなく、伝える必要があったことでした。彼らが口を開いたことで、おそらく他の人たちも自ら進んで口を開き、彼らが遭遇した出来事が真実であったことを立証することになるでしょう。私はラルフ叔父さんたちの体験を伝える者の一人となれたことを幸せに思っています。

第五章　彼は懐かしい友のように感じられた

ブラッド・スタイガーは一九六六年の著書『天空からの訪問者』の中で次のように述べています――「一部の科学者は、我々は孤独な存在ではなく、十億年ほど前にやってきた地球外の探索者たちが植え付けていった種である可能性を示唆している。その天空の種まき人たちは、定期的にここを訪れて、自分たちの苗床の成長具合を見ているのだと」

この章では、惑星への〝種まき〟について語る異星人と遭遇した一人の医師の体験をご紹介します。

二〇一三年、私は少し前にノースカロライナ州からオクラホマ州へ引っ越した従妹のローナのもとを訪れるために車を走らせていました。町の郊外に着いた頃に彼女に電話を入れると、病院で勤務中とのことだったので、そこで会うことになりました。病院に入ってエレベーターを降りると、すぐに彼女の姿が目にとまりました。挨拶を交わした後、彼女は男性職員のほうを向いて、彼に私を紹介しました。

「あなたは『スターピープルとの遭遇』の著者のアーディ・シックスキラー・クラークさ

しました。

「ええ、いま二冊目の本に取り掛かっているところよ。マヤで起きたことを紹介しているの」

「メキシコの?」

「メキシコだけじゃなく、ベリーズ、ホンジュラス、そしてグアテマラも含まれているわ」

「他の国に行かなくても、米国だけでじゅうぶんな数の体験談があるでしょうに」そう言いながら彼は首に掛けた聴診器を外しました。

「私は世界中の先住民から遭遇体験を聞いて回っているのよ」

「南シャイアン族からも話を聞いていますか?」

「まだ実際にはないわ」

「いま聞いていますよ」彼は両手を広げる仕草でいいました。「僕は南シャイアン族なんです」

「あなたは遭遇体験があるの?」

「あなたにだけお話しますよ」彼は唇に指を当てて囁きました。

「ところで、僕はあなたの本を読みましたが、実に三回読み返しました。さらに僕の十歳の息子にも読んで聞かせました。彼は『スターウォーズ』に夢中なので、遭遇体験記が大好きなんです」彼は一息おいて、私の従妹に断りを入れてから、カフェテリアでコーヒーでも飲みながら話しましょうとエレベーターのほうへ手招きしました。

「ローナのシフトが終わる時間を聞いておかなきゃ」エレベーターのドアが開いた時に私が言うと
「彼女は六時で上がりです。僕たちがカフェテリアに行くことを知っていますから、タイムカードを押したら彼女もやってきますよ」そう彼が言いました。

「ほんとうに？」

「ええ、大丈夫です」

「僕は遭遇体験をしました」彼は私の向かい側に座りながら話し始めました。

「オクラホマ州には七カ月前に引っ越してきたんです。引っ越して良かったと思うだろうと考えていたんですが、孤立した環境で暮らす心の準備ができていませんでした。僕の妻はここを嫌がりました。隣町までの距離が途方もなく長くて、利用できる飛行機もろくなものではありませんでした。ときどき、自分は別な惑星に降り立ったのではないかと感じてしまうこともあります」

「あなたはどこで育ったの？」

「実際のところ、ここからさほど遠くない場所ですが、必要なものが何でもある市立大学に通っていたんです。ここはちょっと孤立してしまっています。妻は、ここに劇場やオペラもなく、社会活動ができる場所も何もないことにとても不満でいます」

「彼女はインディアン？」

「いいえ、青い瞳のサザン・ベル（上流階級の理想的な女性像）です。学生時代に知り合いました。インディアン青年のハートを奪った美しいブロンドヘアの女性といった典型的な出会いでした」彼は笑いながらそういうと、自分でもなぜこんなセリフを口走ったか分からないといった様子で、バツが悪そうに顔をそらしました。

「あなたは遭遇体験をしたと言っていたわよね」私は気まずい雰囲気を和らげるために尋ねました。

「本当なんです。なぜあなたに話そうとしているのか分からないんですけど。僕は一時間しかここにいられませんが、きっとあなたから僕に質問したいことが山ほどあると思います」彼は腕時計を見ながらそう言いました。

「聞かせてもらいたいわ。どうぞ続きを話して」

「ある晩、病院から車で帰宅する途中で――僕は町の郊外に住んでいるんですが――どこからともなく目の前の道に鹿が現れたんです。僕はハンドルを切って避けようとしたものの、轢いてしまったようでした。僕は状況を確認するために車のドアを開けました。そして車体の前方に回り込んだまさにその時、鹿が急にすっくと立ち上がったかと思うと、それは人間の姿へと変わったんです」

「ええと、私の耳が確かなら、あなたは鹿が人間に変容したと言ったのかしら？」

「その通りです。ばかげたことに聞こえるのは分かっていますが、神に誓って本当のことです。まさに僕の真正面に、細身で長身の男性が立っていて、頭からすっぽりと全身を包むつなぎ服を身に着けていました。彼は自分を怖がらないようにと私に伝えてきました。彼によると、地球を訪れた際は、しばしば鹿の姿を利用するそうです。人間よりも鹿の形態のほうが素早く移動できて、融通が利くのだといいます」

「つまり彼はシェイプシフターだったと言いたいのかしら？」

「はい。シェイプシフターの話は、子供の頃から聞かされていたので覚えていました。一度も見たことはありませんでしたが、部族の中には、あらゆる種類の生き物に姿を変えられると言われていた祈祷師の老人がいました。その人の奇跡的な離れ業の話についても覚えています。ただ、今回出会った訪問者が自分自身をシェイプシフターだと思っているのかどうかは定かではありません。それはインディアンの中だけで通用する見方ですよね？」

「私にも分からないわ。彼自身は自分のことをどう思っていたのかしら？」

「たぶん普通だと思っていたんじゃないでしょうか。彼は何か別の形態に変容するのは便利なことだと考えているようでした。僕個人の見解では、彼らはどんな外観にでもなれる隠れ蓑のテクノロジーを使っているように思えます。同様のテクノロジーを空中でも使って、自在に見え隠れしながら、人間を誘拐しているんだと思います」

「彼はあなたを誘拐したの？」

「いいえ。僕たちは道端に立って、昔ながらの友人のように、洗練された会話を続けました」

「彼はしゃべったの？」

「いいえ、僕たちがするような会話ではありません。彼は思考で会話ができました。テレパシーです」

「彼はなぜ地球に来ているのかを話した？」

「具体的には何も。ただこの惑星と、ここに見られる多種類の生物が気に入っていました。彼がいうには、地球のような惑星は数多くあるけれど、多様な野生動物がいるところはほとんどないそうです」

「彼は人間や動物を誘拐しているかどうかを話してくれた？」

「実験のためのものはありません。彼によると、他の複数の惑星に入植させるために人間をここから連れ出しているそうですが、それは本人たちが承諾した場合に限るそうです。実際には多くの人が喜んで了承し、地球を去って新たな人生をスタートさせることに多大な興奮と関心を示すといいます。厳格な心理テストを通過した非暴力的な人間であれば、入植のための援助を受けられるということです。彼によれば、地球と同様の環境をもつ惑星は数多くあるそうですが、我々の太陽系にはないそうです。まだ生命の生存に適した環境でなくとも、その可能性がある惑星については、彼らの科学者たちは、生きていくために適した状態へと環境を変えることができるといいます」

「なぜ彼はあなたにそういう話をしたと思う？」

「彼を轢いてしまった時、僕は自分は医者だと告げて、彼に車の座席に腰かけて僕のチェックを受けるように促しました。彼は自分も母星では医者をしていて、ヒーラーでもあり、車に轢かれた体はすでに癒し終えたところだと言いました。彼が僕にいろいろ話してくれたのは、同じ専門職に就く者だったからだと思います。同業者のよしみというやつでしょうね」

「どうやって自分で癒したのかを彼はあなたに教えてくれた？」

「彼らは心で癒す方法を確立しているそうです。やがて地球人も同様のことができるようになるだろうと言っていました。地球にも少数のヒーラーがいるけれど、その大半は医療従事者から軽蔑されているとも言っていました」

「あなたのお話は驚くべきものだわ。他にも彼の語ったことで私に話してもらえることはある？」

「次の本のために？」

「あなたが許可してくれればだけど」

彼は笑ってうなずきました。

「僕を仮名にしてくれるならいいですよ」そう言って彼は話を続けました。「彼らの惑星はとても古いらしく、そもそもの話、地球は彼らにとって重要なものではないそうです。そんな中で、彼はいまだに地球を訪れている数少ない者の一人で、彼は他の複数の惑星に根付かせるための動物たちをここで収集しているといいます。彼が言うには、宇宙における大部分の存在たちは、彼の知る限り、他の惑星に干渉したいとは思っておらず、その方向へ進んでいるのは一部の惑星のリーダーたちだけだそうです。彼はアブダクションによる実験については知っていました。彼によれば、人間の副腎は、他の複数の要素と混合させると、寿命をより永くする優良な源となることをあるグループが見出したといいます。そのグループによる人間の誘拐活動は周囲から中止を促されてきているそうですが、やめさせるために我々地球人ができることは何もありません。彼の惑星の科学者たちは、そのグループが人間の副腎を使わずにそれらの要素を改良できるように、その手助けとなる方法の開発を試みてきているそうですが、まだうまくいっていないといいます」

「他に何か覚えていることはある？」

「ひとつあります。おそらく最も大事なことです。彼いわく、数千万もの知的生命体は、一部の者たちによるアブダクション事件によって、自分たち宇宙旅行者の存在に地球人の関心が寄せられてしまうことを好ましく思っていません。彼の惑星の人々の目的は旅行と探求であり、訪れた惑星の文化を変えることではありません。宇宙を旅する文明人の中で、地球上での陰謀を企んでいる者たちはほとんどいません。多くの無人の惑星が、生命の生存に適していて、そこでは敵対してくる存在にも遭遇しません。彼いわく、彼らは無人の惑星に生命を根付かせたり、入植させたりするだけで、決して居住者を入れ替えたりはしないのです」

「でも、彼らは自分たちが地球人をここから連れ出して、他の惑星に住まわせていると言ったんでしょう？　それは干渉ということにならないのかしら？」

「彼によればそうではないといいます。入植プロジェクトに選ばれた人間たちは、地球上で何も持たない人たちなんです」

「それはどういう意味？」

「僕も同じ質問を彼にしました。彼によると、家族のいない人たちもいれば、これまでとは違う新しい人生をスタートさせたいと切望する人たちもいて、中には、住み慣れた場所から家族全員が喜んで離れて地球を後にするケースもあるそうです」

不意に私の従妹がカフェテリアに入ってきて、そろそろビリーが回診をする時間になることを彼に再確認させました。

「ごめんなさい、行かなきゃ。でもあなたがここを去る前にもう一度会えるといいですね。お会いできて良かったです。僕の遭遇体験がもしあなたの次の本に載ることになったら、匿名扱いにしておいてください。知っていることは全てお話しました。次はあなたが真実を大衆に伝えてください。もしかしたら、それは一連の出来事の解明の糸口になるかもしれません」

「私が帰る前に、ひとつ教えてほしいの。あなたの遭遇体験は、何らかのかたちであなたの人生を変えることになったかしら？」

「そんなには変えていませんが、ＵＦＯに関する本を探せるだけ探して読むようになりました。それまでは決してしなかったことです。天空からの訪問者やスターピープルについての神話や神話学も勉強しています。蔵書の数が膨大になって、僕と趣味が共有できない妻は嘆いていますが、彼女には事実を話したことは一度もありません。彼女ですらなかなか信じられないことでしょうが、僕は車で轢いた鹿が変身した男と道端に立って、友人同士がするように、宇宙の生命について語り合ったんです」

彼は自分の言葉にぎこちなく笑ってから私をハグしました。

「僕の話を聞いてくれてありがとうございます。次の本が出るのを心待ちにしています。これから連絡を取り合っていきましょう」

五カ月後、ビリー医師はアリゾナ州の病院に転勤となりました。オクラホマ州での暮らしはわずか一年でしたが、人目につかないハイウェイでの天空人との遭遇が終生忘れ得ぬ体験となったことは疑う余地もありません。私自身はシェイプシフトする異星人の存在を信じています。シェイプシフターの伝説をもつ北米インディアンの部族は多数存在します。シェイプシフターについて耳にするたびに、私はよく、ヘンリエッタ・ローン・ウルフという女性のことを思い出します。彼女はベトナム戦争時代に若者たちに人気がありました。彼らは自分が徴兵されるかどうか、彼女の見立てを求めていました。彼女の返答は常にその通りになりました。私が彼女に、どうやったらそれほどまでに高い精度で予言することができるのかと質問すると、彼女は鳥の姿になって郵便局に行って徴兵通知を探すのだといいました。さらに詳細を尋ねると、彼女は単にトランス状態になって鳥に変容するのだと言いました。

何年も前に、サウスダコタ州のパインリッジ・インディアン保留地で、鹿にシェイプシフトすることができる偉大な力を持つ伝説の老人の話を聞いたことがあります。彼が変容するところを私自身は一度も見たことはありませんが、彼の能力が本物であると証言する私の友人が複数います。彼らの話を私は一度たりとて疑ったことはありません。彼らはみな誠実で、知性的で、理性的な人たちだからです。ですから私はビリー医師の話を信じることにしたのです。

第六章　宇宙のブラザーズ

八年前、人々から多くの尊敬を集めるバチカン職員であるガブリエル・フネス神父は、〝異星人は私の兄弟です〟と題する記事において、キリスト教神学に関連して想定される、地球外生命体の存在についてのさまざまなシナリオを詳述しました。異星人は私たちの兄弟姉妹であると考えているのはフネス神父だけではありません。

この章では、同様に異星人を自分の兄弟だと考えている男性の体験をご紹介します。

私がジョンに会ったのは首都ワシントンでした。彼は連邦政府の職員として、全米のインディアン部族に関わる仕事をしていました。とても人目をひく男性で、背丈は一八〇センチを超え、後頭部で束ねた白髪は、うなじに掛かる八センチほどのポニーテールにしてありました。ビーズをあしらった紐ネクタイは、首都ワシントンの他の専門職の誰もが身にまとう黒のスーツと絹ネクタイといったお決まりの慣例を打ち破るものでした。右手には途方もない大きさのターコイズの指輪が飾られ、左手首にも大きなターコイズのブレスレットがはめられていました。しばしば彼は私に自分はいつか合衆国を出てカナダに移住するんだと語っていました。

「私の妻はカナダの先住民で、私は向こうに移り住みたいんです。そこには兄弟たちもいて、くつろげるんです」

彼から何度か〝兄弟たち〟という言葉を聞いていた私は、それはどういう意味なのか尋ねてみました。

「あなたには分かっていると思っていたんですが、兄弟たちというのはスターピープルのことですよ」

赤信号の横断歩道の前で私たちは立ち止まりました。信号が変わるとジョンは私の腕をとって、せきたてながら交差点を渡りました。

「説明してもらえますか？」私はもういちど尋ねました。

「さあ、着きましたよ」レストランを目の前にしてジョンが言い、地下に続く階段を指さしました。「足元に気をつけて」

テーブルに着いてから、ジョンは説明を始めました。「兄弟たちは、私が五歳の頃から、私のところにやってきているんですよ。彼らも五歳でした。私たちはチョクトー保留地内の小さな村に住んでいました。幼い頃はよくひとりで村の中をぶらぶらと歩きまわっていたものです。父はほとんど家におらず、母も働きに出ていました。私たちが雨をしのげる場所で毎日食べていけるようにするためです。私には当時一二歳の兄がいて、彼が私の面倒をみる係でした。ベビーシッターを雇う余裕はなかったからです。冬のあいだ、兄が学校へ通っている時間帯には、私は年老いた叔母の家で過ごしていました。叔母のことを思い出すと今でも温かい気持ちになります。彼女にはタバコとクローブ（チョウジノキの蕾を干した香辛料）の匂いがしていました。

「あなたが最初にスターピープルに会った時には、彼らもあなたとちょうど同じ五歳だったということですね？　どこで彼らと会ったんですか？」

「野原や木々のあるところで彼らと一緒に遊んでいたんです。私たちは駆けっこや、かくれんぼが大好きでした。午後になって遊び疲れてくると、よく彼らの自宅に行っていました。そこは涼しくて、ゆったりできるところで、みんなで休憩したりお昼寝したりしていました」

その時ウエイターが水を持ってきて、注文が決まったかどうか尋ねてきました。

「ええ」ジョンは私のほうを見ながら言いました。「ここのクラブケーキはとっても美味しいですよ」

私がうなずくと、彼は二人分をオーダーしました。

「あなたが会った兄弟たちとは何人だったんですか？」私は尋ねました。

「三人でした。そこにいた誰もが三人兄弟だったと私は記憶しています」

「その兄弟の家には、他の家の子供たちも来ていたということですか？」

「ええ、そうなんです。ときどき他に二、三人の別の子たちも来ていました。みんな同じ年齢だったと思います。彼らにもそれぞれ三人のスペースピープルの兄弟がいました」

「つまり、彼らも全員チョクトー族のインディアンだったということですか？」私は尋ねました。

「見かけたことがない子ばっかりだったので、わかりません。覚えているのは、私たちは誰もが、それぞれの三人の兄弟たちと遊ぶことだけが許されていたことです。他の子の兄弟たちも混ぜて大勢で遊ぶことは許されていませんでした」

「そういった行為は何年くらい続いたんですか？」

「私が保留地を出ていくまでです。彼らは毎年夏の季節に数回やってきて、冬のあいだはめったに見かけませんでした」

「それは奇妙なことだとあなたは思いませんでしたか？」

「五歳の時は、奇妙には思いませんでした。友だちができて嬉しかったんです。私たちは本当の兄弟のようにお互いのことが大好きで、お互いに相手を思いやっていました。兄弟たちがやってきた時は、私は淋しさを忘れていました」

ウエイターがクラブケーキを運んできたので、ジョンは背もたれに寄りかかりました。さまざまなソースと大きなサラダボウルも添えられました。他には何も注文はないことを私たちはウエイターに告げ会話を続けました。

「その兄弟たちについて、あなたは母親に話したんですか？」

「ええ、話しましたとも。母は彼らは私の想像上の友だちだと思っていました。私は彼らが他の星からやってきたことを分かってもらおうとしたんですが、母は私の言うことを風変わりな空想物語と受け止めていましたので、私はあきらめるほかありませんでした」

「彼らが実の兄弟ではなく、他の星からやってきたことに気づいたのは何歳の時だったんですか？」

「ある意味では彼らは私の兄弟だったんです」彼は言いました。「でも彼らが実際には地球に住んではおらず、我々の銀河系の遥か彼方の別世界からやってきていることに私が気づいたのは、たぶん八歳の頃だったと思います」

「彼らの正体に気づいたのはどういう経緯からだったんですか？」

「彼らの家が実は宇宙船だったことが分かった時です。彼らは宇宙船内で暮らしていたわけですが、私からすれば、住めば都で、暮らしている場所が家なんだと思っていました。そして彼らは私に会うためだけに地球を訪れていることも分かりました」

「それを知ってどんな気持ちになりましたか？」

「最初は混乱してしまいました。それから自分を特別な存在のように感じました。いまでは、自分が何かずっと大きなものの一部であることを知って、とても幸せに感じ、誇りに思っています。そして世界を見る目が変わりました。ここ首都ワシントンの政治家たちはＵＦＯについて偽りを語り、事実を隠ぺいしていますが、私は真実を知っていますので、だまされたりはしません」

「兄弟だと思っていた相手が別の星からやってきたことが分かった際に、あなたはそれについて彼らに問いただしたりしましたか？」

「はい。彼らに対して、本当は自分の兄弟ではないことを私は知っているんだと言いました。私の兄のジャックみたいな存在じゃないんだと。彼らは笑いながら、自分たちはジャックと同じように私とつながっている存在だと言い、なぜ私がそんなふうに思うのか知りたがりました。私は彼らが宇宙船内で暮らしていることを指摘し、本当の兄弟なら私の家で一緒に暮らしているはずだと言いました」

「そこまで言えるなんて、あなたはずいぶん勇敢な少年だったんですね」私は言いました。ジョンは左手の結婚指輪をいじりながら、両手を見つめていました。彼は数分のあいだ沈黙したままでした。

「結局のところ、彼らが説明してくれたのは、私の血液と組織の一部が採取されて、彼らは他にも私を創り出したということです。私の兄弟たちは、私の血液と組織から創り出された三つ子だったんです」

「彼らはクローンだったんですか？」私は尋ねました。

「そう呼ばれている存在だと思いますよ」

「兄弟たちの出自をあなたが知ってからは、彼らの訪問はなくなったんですか？」

「実のところ増えました。私が高校に入学してから、実際に彼らは非常に頻繁に訪れるようになったんです」

「彼らの地球での目的は何だったんですか？」

「私の兄弟となるべくして創造された者たちは、本当は人類学者だったんです。その道に進ませるために誕生時に選ばれたのが彼らで、生涯にわたってその役割を遂行するために育成されてきたんです」

「彼らが地球での自らの使命をあなたに話してくれたことはありますか？」

「人類学者としてのあらゆることをしていました。人間の行動や習性について研究していました。同じ人間の立場で」

「そこのところを説明してもらえますか？」

「はい。彼らは私と同様の外見をしていましたから、いろいろな場所へ出かけていって、人々の中に溶け込んで、一緒に暮らしていくことができたんです」

「人間の性質のどういう面を彼らが研究していたか、あなたはご存知ですか?」

「彼らは少年少女の暴力性に着目していました。なぜ人間の男性は非常に暴力的になるのかを理解したがっていました。また、人間が幼児や動物たちを酷く虐待するケースについても関心を示していました」

「あなたは大学に入って何を学ばれたんですか?」私は尋ねました。

「人類学です。私はインディアンとしては初となる人類学者の一人でしたが、その分野の博士号を取得しているにもかかわらず、それを職業としたことは一度もありませんでした。被験者を持たなかったからです。私はどうしても干渉し過ぎてしまうんです。問題を抱えた子供を見ると、その子を研究するだけでは満たされず、救ってあげたくなるんです。だから私は悪い人類学者です」

「あなたがここ何年かのあいだ私にしてくれていた話から察すると、その兄弟たちとのコンタクトは今でも続いていると理解していいんでしょうか?」

「ええ、ただ首都ワシントンに来てからは頻度が減ってきています。隣接するウエストバージニア州のサマーズビルという小さな町の近くに私は山小屋を所有していて、そこでときどき彼らと会って、彼らの研究のことや、宇宙全般のことについて語り合っています。今でもお互いを兄弟のように感じていて、会えることを嬉しく感じています。山小屋までなかなか行けないことも時々あるので、カナダのサスカトゥーンに引っ越したいと思っているんです。そこだったらずっと便利になりますから。あと二年すれば、私は十分な退職金をもらって連邦政府を退職できるんです。それが引っ越しの時期になるでしょう」

「兄弟たちとつながりを保つ必要性から早期退職を考えているんですか？」私は尋ねました。

「それもあります。でも、首都のような場所で働いていると、疲労困憊する毎日を送ることを余儀なくされてしまいます。この国の子供たちが心に怒りをためている理由を理解するには、この国の指導者たちに目を向けさえすればいいのです。彼らには何も期待できません。でもスターピープル――私の兄弟たち――は希望を与えてくれます。信じられるものを与えてくれるんです」

私の訪問から二年後にジョンは退職しました。私たちが彼の兄弟たちについて再び話題にすることは一度もありませんでしたが、その後に彼に会った際には、二人だけが共有する話に花を咲かせました。最後に彼に会った時、彼は私をランチに誘ってくれて、私たちはお別れの挨拶をしました。彼はサスカトゥーンに行くことになっていて、少なくとも一年間は〝隠居〟することを決めていたのです。それ以降はまだ彼と話してはいませんが、彼はたとえどこにいようと、自分の兄弟たちと語り合う多くの夜を過ごし、擁護してくれる者のいない子供たちの面倒をみる日々を過ごしていることを私は知っています。

第七章　最北の地に降り立ったＵＦＯ

一九八六年一一月、日本のジャンボ旅客機の乗員がＵＦＯを目撃しました。この目撃報告が世界的な注目を集めるようになったのは、連邦航空局（ＦＡＡ）がこの件の調査に乗り出すと発表したことがきっかけでした。その理由は、アラスカ州アンカレジの航空路交通管制センターがＵＦＯをレーダーで探知したと報告をしていたからでした。

この章では、そのようにメディアで大きく取り上げられることのなかった遭遇体験をご紹介します。

私は一九八〇年代の後半にアラスカ州のバローを訪れました。ノース・スロープ大学の学長職の最終候補者としての面接に臨むためでした。大学のある村は、プルードー湾と北極圏国立野生動物保護区の西に位置する北極沿岸平原の縁にありました。さらにいえば、そこから北極までは千六百キロの道のりでした。運が良いのか悪いのか、私の出発予定日にバローの町には嵐が吹き荒れていて、離発着する飛行機は全て運行を見合わせていました。もしこの予期せぬ天候がなければ、私はサムに出会ってはいなかったでしょう。私が朝食を摂るためにペペス・ノース・オブ・ザ・ボーダー・レストランを訪れた時、サムがこちらに歩み寄ってきました。彼は自分は大学で働いている者だと自己紹介をしました。彼は前日の晩に石油労働者がＵＦＯとの遭遇体験を私に話しているのを傍で聞いていたらしく、自分はバローの町で起きた本物のＵＦＯ事件について知っていると申し出てきました。サムは身長一六二センチほどの小柄な男性で、漆黒の髪をしていて、微笑むと両頬にえくぼが浮かびました。そして動物の牙から作った手彫りの装身具を身に着けていました。

「このあたりではＵＦＯを見ることは日常茶飯事なんです」彼は言いました。「ただ報告されていないだけで、調査すらされていません。私がお話できるのは本物のＵＦＯとの遭遇体験です。ハリウッド映画のような作りごとではありません」

私は朝食を共にしながら話しましょうと彼を誘い、向かい側の席に彼が腰を下ろした時、彼がどこの系統の民族であるのか尋ねました。

「親族の中には自らのことをイヌピアットと呼ぶ者たちもいますが、私たちはみなエスキモーで、私は誰に対しても、自分はエスキモー語を話しますと言っています。ですから、気兼ねなくその呼称を使ってもらって構いません。私にとっては軽蔑的なものではありませんが、他の人たちにとってはそうかもしれません。エスキモーの語源はアルゴンキン語の『生肉を食べる人』というもので、それは私たちの部族の習慣をよく表しています」

朝食のオーダーを済ませた後、私は自分がＵＦＯとの遭遇体験を意欲的に取材していることを伝えました。

「そのことは、昨夜の会話を聞かせてもらっていた時に察していました」彼は言いました。

「では、あなたのいうところの本物のＵＦＯ体験について、私に聞かせてもらえますか？」

「私の父方の祖父は、この地に住む人間たちは、もともとは天空からやってきた銀色の船でここに連れてこられたんだという話をよくしてくれました」サムは少し間を置いて、自身のホットティーに砂糖を加えました。「私の祖父が伝えてくれた話の数々は、はるか昔から語り継がれてきたものでした。今日ではその大部分が途絶えてしまっています。アルコールへの依存が私たちの文化にもたらされて以来、多くの家族がその影響を被ってきています。私たちは自らを卓越した存在とならしめているものを失いつつあり、合衆国の中で他の一般市民たちとは距離をおいた環境にいながらも、昔ながらの生き方の多くを徐々に手放しつつあります」

「つまり、イヌピアットの人たちはスターピープルと宇宙旅行についてずっと昔から信じてきたということなんですね？」

「ええ。そういう事実はあまり知られてはいませんが、祖父や祖母の世代の人たちは今でもそれが本当だと信じています。若い世代がどうであるかは私にはよく分かりません。ですから、多くのものが失われつつあると私は言ったんです」

「あなた自身はこれまでＵＦＯに遭遇したことはあるんですか？」私は尋ねました。

「ええ、四回あります。最も近いものは二、三週間前のことです。その日は夜遅くまで私は大学に残っていました。外の気温はマイナス五七度くらいまで下がっていました。雪が大降りとなっていたため、視界が悪くなっていました。私が電柱を頼りに家路に就いていた時、突然に目の前に複数の光が見えてきました。白い光で、まばゆいばかりの明るさでした。あたり一面を照らすほどの光の群れでした。私は方向感覚を失いそうになり、ライトバンを停車させましたが、エンジンは切りませんでした。バローでは一度エンジンを切ったら、再スタートは期待できません。するとその光は急に上昇し始めました。その時にＵＦＯの輪郭を見ることができました。そしてそのＵＦＯは鋭角にターンを切って、海のほうへ飛んで行きました」

「ＵＦＯが乗り物のエンジンを止めてしまったという人たちもいますけれど」

「私の場合はそういうことは起こりませんでした。そして私がライトバンを発進させようとしたまさにその時、ＵＦＯが戻って来て、私の車の真正面で空中に静止していました。それはピクリともせずに二、三秒ほど宙に浮いていたんですが、私には数分間もの長さに感じられました。すると突然にそれは私の正面で着地したんです。そして私のライトバンの前方に人間のような姿をした者が現れました。相手はその場に立ったまま二、三秒ほどじっとしていたんですが、やがて私のほうに近づいてきました。私はどうしたらいいのか分からずにいました。すると急に何かおかしなことが自分の中で起きているのを感じました。頭の中で、『寒い』という言葉を繰り返し聞いていたんです」

「寒い？」

「ええ、寒いと。それを頭の中で何度も聞きました」

「宇宙船はどんな感じだったんですか？」私は尋ねました。

「あの形を描写するのに私が思いつく最適な表現は、円すい形に見えたっていうことです」

「片側が大きめになっているという意味ですか？」

「ええ。工事中の道路などに置かれている赤い三角コーンみたいな形です。ただ、ＵＦＯの色は分かりませんでした。光があまりにもまぶしかったので。船体の底面に複数の白いライトが付いていました。着地した時、宇宙船から白い光線が放たれました。それは船体内部から出てきていたものだったと私は思います。それから私のライトバンのほうへ近づいてくる人影を見たんです」

「その人影について描写できますか？」

「彼の背丈は私よりは高かったですが、大男というわけではなく、たぶん一八三センチほどでした。顔は確認することができず、体のラインだけが確認できました。それはシルエットみたいな感じで、光を背景にして輪郭が際立って見えていました。そしてヘルメットをつけているように見えました。私のほうへ歩み寄ってくる際に、彼がつまずいたのが見え、それから彼は急に宇宙船のほうへ戻っていき、再び船内に入り込みました。そのあいだ私は『寒い』という言葉を頭の中で聞き続けていました。宇宙人が船内に入った途端に宇宙船は海の向こうへ行ってしまいました。瞬く間に飛び去っていったんです。とても不思議だったのは、宇宙船が消え去ったと同時に、もはや頭の中で声が聞こえなくなっていたことです」

「あなたはこれまで四回遭遇しているとおっしゃっていましたね」私の言葉に彼はうなずきました。

「でもこのような体験は一度もしていません。他の体験はいずれもＵＦＯの目撃だけです。しかし今回は人間の姿を私は見たんです」

「異星人はなぜ宇宙船に戻っていったとあなたは思いますか？」

「寒さのせいだったと思います。彼らはこれほどまでの寒い気候を予期していなかったのだと思います。言いましたように、その日は悪天候でした。視界はほぼゼロだったんです。風が吹き荒れて、雪は横殴りに降っていました。ちょうど今日みたいな感じだったんです。ときどき私は、もしかしたら彼らは私を誘拐するつもりでいたけれども、予想外の天候だったから断念したのだろうかと思い巡らすことがあります。似たような話をあなたはこれまで耳にしたことがありますか？」

「いいえ、ありません。あなたはスターピープルと遭遇した体験が他にもありますか？」

「異星人に遭ったのは今回だけです。そういう話は祖父からいろいろと聞いてはきましたが、自分自身が遭遇したのはこれが初めてでした。私の伯父がアザラシ猟をしていた際に宇宙船に遭遇した話をしてくれたんですが、そのとき彼は異星人たちを目撃しています。彼が言うには、離れた場所から彼らの姿を見た限りでは人間のように見えたけれど、奇妙な動きをしていたといいます。彼らは氷の上を浮遊していたそうです。伯父はそれを見てぎょっとしましたが、彼らは伯父の存在に気づくと、宇宙船に戻って、ほとんど間髪を入れずに飛び去っていったそうです。伯父は彼らが防寒服を身に着けていなかったことに驚いていました」

「それがどういう意味なのか、彼は説明してくれましたか？」

「彼によれば、異星人たちが身にまとっていた薄い銀色の服が目に痛く感じたそうで、銀色は日光を反射してしまうので保温効果がないのだと言っていました」

「あなたのお知り合いの中で、スターピープルと遭遇した体験あるいは会話を交わした体験を話してくれた人は誰かいますか？」

「誰もいません。スターピープルに会ったという話は幾つか聞いたことはありますが、会話をした体験は一度も耳にしていません。ただ私なりに推論しているんです。彼らは海底に基地を持っていると私は思います。そこを短期の滞在場所として、宇宙の他の場所へと移動しているんです。このことを政府も知っているはずだと思いますが、彼らにはどうすることもできないのでしょう。宇宙旅行が可能なほどの能力をもつ種族に一体どうやって対峙できるというのでしょう？　宇宙の中では我々はまだ幼児です。彼らと肩を並べられるようになるのは何世紀も先のことでしょう。おそらくそれは永遠に叶わないのではないでしょうか」

アラスカ州のバローでの滞在で私は個人的に非常に多くのことを学ばされました。そこで暮らすためには、完全に孤立させられた状況でも対処できる術を身につける必要があります。それができるのは並大抵の人間ではありません。永遠に続くかと思われるような暗闇の中で過ごすことは私には到底耐えられないものです。私がとりわけ思い知らされたのは、真夜中の太陽に照らされた大地では、予想外の出来事が確かに起こるものだということです。私はサムとは、ぺペス・ノース・オブ・ザ・ボーダー・レストランで朝食を共にして以来、連絡を取ってはいませんが、彼が体験したことについて何度も考えてきました。モンタナの気温がマイナス三五度まで下がったときには、私はバローでの凍える夜の日々と、明らかに寒さに耐えることができなかった宇宙人男性の話をいつも思い出してしまいます。

第八章　異例のアブダクション体験

馬や家畜が臓器などを切り取られる事件がニュースとして取り上げられ始めたのは一九六〇年代の後半からです。事件の大部分は米国西部で発生したものでしたが、一九七〇年代半ばには全国ネットのメディアで取り上げられる話題となっていました。それらは時おりＵＦＯの目撃と関連付けられていましたが、悪魔的な儀式であるとか、他の捕食動物の仕業であるなど、数多くの推測がなされていました。死骸を調査した人たちによれば、切除されていたのは柔らかな組織や部位で、とりわけ生殖器が多かったといいます。また、切開部は外科手術用のメスを用いたかのような鋭い切り口であったという報告も複数寄せられています。一九七九年には、リンダ・ハミルトン・ハウがアニマル・ミューティレーション（動物の惨殺）の問題を取り上げたフィルムの制作に着手し、それは翌一九八〇年に『奇怪な収穫』というタイトルで放送されました。後に彼女は次のように述べています。

「私は単独もしくは複数の異星人グループがこの惑星に良からぬ影響を与えていると確信しています。私は彼らの正体を突き止め、その目的を知り、なぜ政府は沈黙したままなのかを知りたいと思っています」ハウのフィルムでは、異星人たちは自らの存続に必要な臓器もしくは生体物質を確保するために家畜を惨殺し、米国政府もそれに加担しているのではないかという推測が語られています。

この章では、動物の虐殺事件にはＵＦＯが最初から絡んでいるという、ハウと同様の見解をもつ退役空軍将校のエモリーという男性が、自らの体験を語ってくれます。

私がエモリーと会ったのは、アラバマ州モントゴメリーに住む私の伯父のもとを訪れていた時のことでした。エモリーと私の伯父は、かつての軍隊仲間でした。私が現地に着いた週の後半に、モービル市のフレンチクオーターにあるエモリーのオフィスで彼と会いました。

「私は空軍に三〇年もいたので、空のことは知り尽くしてきたつもりでいたんです」彼は言いました。「通信の分野における長年の経験をもつ私ですら、半年前のあの夜の出来事に対しては、まったく心の準備ができていませんでした」

「あなたのその予期しなかった体験について聞かせてもらえますか？」私は彼の重量感のある机の前で、心地よい革の椅子に腰かけて尋ねました。

「いいですとも。でもその前に、そこにいたるまでの経緯を少しあなたにお話する必要があります」

エモリーが元軍人らしく見えたのは、その立ち居振る舞いだけでなく、短く角刈りにされた髪と、きちんと整った服装といった外見の印象からでもありました。

「私はベトナムで通信将校をしていたんです」彼は説明を始めました。「私は大学で電気工学の学位を取得して卒業したばかりの頃に徴兵され、陸軍は避けたかったので、空軍に入隊し、士官学校に入って、ベトナムの地で除隊となりました。あなたの伯父さんとはサイゴンの将校寮で知り合ったんです」

「ベトナムであなたはUFOを目撃したんですか？」私は尋ねました。

「何度も見ましたが、それらは戦闘中だけです。彼らは戦いを観察していたんですが、我々の飛行機が接近すると行方をくらましてしまいました。我々の目の前で消えてしまったこともあれば、信じられないような速度で飛び去っていったこともあります。目撃報告における公式名は〝戦争の幻影〟でしたが、あれらは幻影などではありませんでした。それは軍部による偽りの情報拡散であることを、我々全員が分かっていました」

「あなた自身は、UFOを見た時はどのように反応したんですか？」

「私はノースカロライナで育ちました。母親の系統からはチェロキー族の血を、父親の系統からは少しだけチョクトー族の血を受け継いでいます。少年の頃はスモーキー山脈の中で暮らしていましたので、UFOは一家で頻繁に見ていました。母はいつも彼らのことを〝訪問者たち〟と呼んでいて、星の訪問者たちは私たちとつながっていて、私たちの中には彼らの血が流れているんだと説明してくれました。ですので、私はベトナムでＵＦＯを目にした時も、怖さは感じなかったんです。彼らは我々を見守っているんだと理解していました。少なくとも、そう自分に言い聞かせていました。星の訪問者たちがいてくれる間は、私は安心していられました」

「さきほど、半年前に心の準備ができていない出来事を体験したとおっしゃっていましたが、それについて話していただけますか？」

「私が一番最近にした仕事はアラスカでのものでした。それは最高機密の部類のものなので、具体的な場所についてあなたに話すことはできません」

「アラスカでＵＦＯに遭遇したんですか？」

彼はうなずきました。「私の母が星の訪問者たちの話をしてくれた時、彼らについてはすでにここを去っていった人たちとして語っていました。彼らは我々部族の友人たちだったんです。私は彼らはチェロキー族を見守っていて、定期的に我々の安全を確認するために訪れているのだと思っていました。ところが、私がアラスカで見た異星人たちは、誰のことも見守っていませんでした。私はいま人類の前には、理解し難き敵が立ちはだかっているのだと本気で思っています」

「それについて説明してもらえますか？」私は尋ねました。

「最初の遭遇があったのは、私が現地に赴任して二日目の晩でした」

「口を挟んでごめんなさい。遭遇は一度だけではなかったんですね？」

「全部で二回です」

「ではどうぞ最初のほうのお話を続けてください」

「外は暗く、まさに真っ暗闇でしたが、アラスカは冬の間はずっと暗いんです。私は技師の一団と、その補佐のために寄こされたアラスカ先住民の電気工事士たちと共に働いていました。その晩はとても冷え込みました。現場の誰かが気温はマイナス五七度だと言っていたのを私は覚えています。そこまで寒ければ、もう何度だろうが構わないといった感じでした。低温のために機械が壊れ、部品はズレてしまい、ワイヤーも切れてしまいました。とてもストレスがたまる夜でした。ついに我々はその日の仕事はもう打ち切ることにし、八時間後にまた集合することにしました。私は器具類を片付けながら、他の者たちを家まで送りました。私は自家用車を持っていて、それはまだ動いていたからです。私は途中で立ち往生することは心配しておらず、また自分に何か重大な出来事が起こることなどまったく予期していませんでした」

「つまり、最初の遭遇を体験した時、あなたは現場に一人っきりだったということですね？」

「ええ。私は自分の車のほうへ歩いて向かっていました。仕事現場の照明のスイッチを全て切っていき、最後の照明を落として周囲が暗くなったまさにその時、あたり一面がまるで七月四日の独立記念日の盛大な花火のように明るくなったんです。赤、青、白に輝く幾つものライトが地面の雪を照らし、クリスマスのような光景を呈していました。私は光の源を探そうと上空を見上げましたが、ライトの群れは目もくらむような眩しさで、とりわけ中央の部分の明るさが際立っていました。それと同時に、聞き覚えのあるホッキョクグマの鳴き声が耳に響いてきました。自分の車に向かって走り出した私は、突然に道の上に投げ出されました。なんとか体を仰向けに戻したその時、ほとんど名状し難いあるものを目の当たりにしたんです」彼は両手の平の中に頭を沈め、両目をこすりました。

「大丈夫ですか?」

「ええ、ただ自分の見たものを描写するための最適な言葉を探していただけです。ホッキョクグマが、まるで吊るされた〝ぬいぐるみ〟のように、だらりと宙に浮揚していたんです。クマは首を左右に振りながら、時おり四つ足を動かして走ろうとしているかのような仕草を見せ、やがてあきらめたように、再びだらりと力なく浮いていました。そして白い光の中に吸い込まれるように消えていったんです」

「ホッキョクグマが誘拐されたとおっしゃっているんですか?」私は尋ねました。

「最初はそんなふうには考えていませんでした。するともう一頭のホッキョクグマが姿を見せ、白い光がそのクマに焦点を合わせて照らしました。それからまた同じことが起きたんです。今度のクマのほうが大型で、より激しくもがいていましたが、無駄な抵抗でした。そしてそのクマも最初のものと同様に、白い光の中に吸い込まれていってしまいました。私はその場に横たわりながら、自分が意識障害を起こして幻覚を見ているに違いないと思っていましたが、もしそうなら自問自答したりはしないであろうことにやがて気づきました。白い光が見えなくなった後、私は我に返ったような感覚を覚え、体を起そうとした刹那、急上昇していく円盤型の飛行物体の輪郭が目に映りました。それはあっという間に夜空の中に消えていきました。私は大急ぎで車に乗り込んで、ベースキャンプへと戻りました」

「だれかにその話をしましたか?」

「いいえ。あなたの伯父さん以外、そしていま目の前にいるあなた以外には誰にも話していません。ただ、話はこれで終わりではないんです」

「次に二度目の遭遇の話になるわけですか?」

「いえ、まだ最初の話が終わっていないんです。続きがあるんです。その二日後に、我々は別の仕事現場へ送られたんですが、そこは最初の現場から八〇キロほど離れた場所でした。我々が到着した時、そこにいたアラスカ先住民の技士たちは極度に動揺していました。彼らはこの場所は邪悪なので、ここから離れたいと言っていました」

「邪悪な?」

「迷信的な人たちは世界中にいるものですが、この時に限っては、私は彼らの恐怖心を理解できました。電気関係の小屋の真正面に、ホッキョクグマの死骸が横たわっていたんですが、それは普通の死に方ではありませんでした。ホッキョクグマはアラスカの動物界の食物連鎖の頂点にいます。それが死ぬ場合は、強いクマ同士によるメスをめぐった縄張り争いの結果によるものです。けれども、そこに倒れていたクマは他の動物にやられてはいませんでした。それは外科医の手によって死に至らしめられた姿をしていたんです。少なくともそのように見えました。両目の眼球と両耳が切り取られ、胴体が切開され、心臓と腎臓が取り除かれていました。生殖器も切除され、舌もなくなっていました。地面の雪の上には血痕がまったくありませんでした。もしホッキョクグマが闘いの末に命を落としたのなら、あたり一面が血の海になっているはずです。それは人間の猟師たちの手によるものでないことも明白でした。彼らだったら肉を求めていたでしょうから」

「他のクマについてはどうでしたか?」

「我々はおよそ百メートル先に別のクマの死骸を見つけました。まったく同じ状態でした。周りに一滴の血もなく、臓器が取り除かれていました」

「そしてあなたはそれらが異星人たちの仕業だと確信しているわけですね?」

「それ以外にどんな可能性があるというのでしょう?」彼は両手の平を上に向けながら言いました。「私はホッキョクグマが宇宙船に連れ込まれるのを見ました。その二日後に、二頭のクマの切り裂かれた死骸に出くわしました。彼らの凍った生肉が私にとっての十分な証拠でした。あなたは動物の惨殺事件について聞いたことがありますか? そして家畜や馬の他にも動物の誘拐報告はありますか?」

「どちらへの答えもイエスです。私はメキシコの青年から、ワニの誘拐を目撃した話を聞いています。彼によれば、その翌日の晩に宇宙船が戻ってきて、ワニの死骸をどさっと落とし、別のワニをまた吸い上げて連れ去っていったそうです。ショショーニ族のある男性は、宇宙船からバッファローの死骸が投げ落とされるのを見たと語っていました。その死骸は、あなたが見たものと同様に、内臓器官や体の部位が外科手術によって取り除かれたような状態だったといいます」

「わかります」彼は言いました。「家畜や馬は所有者がいますので、事件が起これば普通は通報されるでしょう。しかしホッキョクグマやワニやバッファローは誰の所有物でもありません。こういうことをする異星人たちは、家畜や馬だけでなく、あらゆる種類の動物たちに実験を施しているんです。世の人たちはそのことを知らないだけなんです。あるいは、口にすることを恐れたり、迷信にとらわれたりして、ずっと報告をしないままでいるのでしょう」

「あなたの二度目の遭遇体験もホッキョクグマに関するものなんですか？」

「いいえ」

「あなたは異星人に遭遇したことはありますか？」

「私は彼らに誘拐されました。二人の同僚とともに」

「どうぞ最初から話してください」

「ある朝、我々は現場の保全のために仕事場に向かいました。私が電気系統のチェックをしている間、他の二人は小型監視カメラ一式を取り付ける作業を始めていました。それらはどこかの事務所にいる番人が分刻みでモニターするためのものです。あちこちにカメラを取り付けるのは、もし何者かによる妨害行為が起きたとしても、全てのカメラが一斉に動かなくなることは、なかなか起こらないからです」

「妨害行為？　あなたたちはそこで何をしていたんですか？」

「先ほども言いましたように、それはトップシークレットなんです。たぶんそういった我々の仕事のせいで、異星人の宇宙船をそこに引き寄せてしまったんでしょう。その前の週にそこから一六キロ離れた場所に五、六頭のホッキョクグマが子連れでいるのが確認されていたというのに、そっちではなく、我々のいるほうに異星人たちが現れた理由など、誰にも分からないことでしょう」

「どうぞお話を続けてください」

「私は電気の接続の確認を終え、監視カメラの設置を確認しているモニタリングセンターと電話で話していました。すると突然、受信機の音声が空電ノイズに取って代わられました。私は同僚のいる方向に目をやりました。私の持ち場からわずか一二メートルしか離れていませんでしたが、そこに二人の姿はありませんでした。私は彼らの名前を呼びましたが、何も応答はありませんでした。そして次の瞬間、私は自分が宇宙船の中にいることに気づきました。最初は状況が呑み込めませんでした。私は宇宙船の姿も、光も、そして異星人の姿も見ていなかったにもかかわらず、いつのまにか彼らの宇宙船内に運ばれていたのです。私は二人の同僚の横に立っていました。彼らは当惑しているように見えました。そのうちの一人が叫び声をあげると、四体の生き物が近づいてきました」

「彼らは人間型（ヒューマノイド）だったんですか？」

「手足が二本ずつで頭が一つという点では人間型でしたが、小形動物のように見えました。彼らは小さくて、がに股で、力が強かったです。アラスカ先住民のイヌピアットも小柄ではありますが、彼らの背丈はこの生き物たちより少なくとも三〇センチ以上は高いものです」

「顔はどのような感じでしたか？」

「胴体に比べて頭部のサイズが大きかったです。まるで病気であるかのようでした。私がノースカロライナの村にいた時に、そのような頭の大きな子がいたのを覚えています。彼は脳に水がたまっているのだと私の母が教えてくれました。彼は八歳くらいの時に亡くなりました。船内の生き物たちの頭は彼のものに似ていたんです。医学用語で水頭症といって、体液が脳を肥大させる病気です。それが彼らの容貌でした。大きな頭部には毛髪がなく、パウダー色の皮膚に包まれていました。彼らは大きな黒いゴーグルのようなもので頭を囲っていて両目を隠していました。それは一種のコンピューター制御の装置ではないかと私は思いました」

「その生き物たちはあなたを船内の別のエリアへも連れて行きましたか?」

「別の階層へ我々を連れて行きました」

「どのようにしてですか?」

「エレベーターのような装置を使ってです。丸い筒(チューブ)状のものに乗って他の階へ移動させせられました」

「三人一緒にですか?」

「ええ。上の階に到着すると、そこはドームのような部屋になっていました。そこには他の人間たちもいました。外見から判断すると、みな先住民族のようでしたが、アラスカ先住民ではないようでした。私が思うに、彼らは多くの国々から連れてこられた部族民だったと思います。私はベトナムでラコタ族やブラックフィート族の者たちと一緒に働いた経験があるので断言できますが、その部屋にはブラックフィート族、ラコタ・スー族、チェロキー族、チョクトー族、そして他の部族の者たちもいました」

「先住民族以外の人たちはいましたか？」

「いいえ。私が見た限りではいませんでした」

「なぜ異星人たちは先住民に関心を持っていたとあなたは思いますか？」

「その理由を私は彼らに尋ねたんです。彼らによると、我々は他の者たちとは異なっているからだそうです。明らかに我々のＤＮＡの中にある何かが、そこにいた科学者たちにはコントロールできないものであったので、我々は彼らから見て特異な存在だったんです」

「科学者たちというのはその小さな生き物たちのことですか？　それとも他の存在がいたんですか？」

「小さな生き物たちは違います。彼らは監視隊、捕獲隊および警察隊の役割を担っています。科学者たちは実験を執り行っている者たちで、外見は人間に似ています。身長はおよそ一七〇センチから一八三センチの範囲で、肌の色は私と同様のもので、常に日焼けしている感じの色合いだったと思います」

「その他に何か目立った特徴はありましたか？」

「幅の広い前頭部です」

「幅の広い前頭部とはどういう感じのものでしょうか?」

「頭の部分が大きくて、顎にかけて細くなっていっていると言ったほうがよかったでしょうね」

「他に何かありますか?」

「私が覚えているのはそのくらいです」

「ドームのような部屋の話に戻させてください。あなたがいうところの科学者たちから話を聞くようになったいきさつを教えていただけますか?」

「私は部屋にいる他の人間たちの人数を数え始めました。彼らはみな男性でした。私はもし自分が常に頭の中であれこれ考えている状態を保っていれば、彼らは私をコントロールすることはできないだろうと考えました。他の者たちは皆ぼんやりとして、茫然自失状態で、ほとんど生気のない顔をしていました。そしてうろうろと室内を歩き回っていました。私は彼らに紛れて同じ状態に見せながら、常に頭の中で人数のカウントを続けていました」

「どこまで数えることができましたか?」

「七一人まで数えた時に、私は別の場所へ連れて行かれました」

「どこへ連れて行かれたんですか?」

「別の階へですが、今度は一つ下の階でした。連れ込まれた部屋は奇妙な装置で満たされていました。彼らのテクノロジーは私がこれまで目にしたことのないものばかりでした。私は筒状の装置の中に入れられ、光が私の体に沿って行ったり来たりしていました。それは身の毛のよだつもので、くすぐったく感じるほどではありませんでした。彼らはこれを五、六回繰り返しました。私は彼らが何をしているのかを説明するように求めました」

「それに対して相手はどう反応しましたか？」

「外見上は何の反応も示さなかったんですが、とても不思議なことに、彼らと意思の疎通ができたんです。私が何かについて知りたいと思うだけで、即座にそれに対する答えを受け取るんです」

「どういう感じで行ったんですか？」

「自分でもよく分かりません。私が心に抱いた疑問に対して彼らが答えたんです。彼らは私の心を読むことができたんです」

「彼らはしゃべったんですか？」

「いいえ。私は自分の頭の中で答えを受け取ったんです。テレパシーってやつです。ペテン師のようなことを自分が言っているのは分かっています。でもそれが実際に起こったことそのものなんです。私は自分が正気であることをあなたに保証します」

「異星人とテレパシーを使って会話をしたと私に語った人は、あなただけではありません」

「彼らは自分たちの薬が私には効かなかったことに驚いていました」

「どんな薬でしょうか?」

「私が理解したところでは、彼らは人間を無気力状態に導く成分、我々のいうところの薬を空気中に混ぜているんです。人間がその空間に入れば、ゾンビのような状態になってしまいます。彼らによれば、その成分に対して免疫性をもつ人間はわずか二万人に一人の割合でしか存在しないそうです。私がその一人であったことは間違いありません。私はそこで起こっていることを全て意識できていましたから」

「その室内の空気の状態について、なにか他に覚えていることはありますか?」私は尋ねました。

「壁から発散されている霧のようなものがありました」

「彼らはあなたからの質問に何でも答えてくれたんですか?」

「質問に答えてはくれましたが、私は彼らの答えは防御されたものだと常に感じていました。言い換えれば、彼らが言ったことが全て真実だとは私は思っていません」

「そう確信する根拠が何かあなたにはあるんでしょうか?」

「直感ってやつです」

「彼らはあなたを筒状の装置に入れた理由を話してくれましたか?」

「彼らは私の体に病気や異常がないかどうかチェックしていました。彼らがいうには、自身の持っている病気を診断されていない人間たちが非常に多いらしいです。彼らは汚染された血液を持つ人間は求めていませんでした。自分たちの持つサンプルや標本を保護しなくてはならなかったからです」

「標本? どういった種類の標本なんでしょうか?」私は尋ねました。

「私もそれを質問したんですが、彼らはそれは私の訪問とは無関係だと答えました」

「訪問?」

「ええ、彼らは自分たちの誘拐行為を、人間側からの訪問と呼んでいました」

「他にどんな実験を彼らは行っていましたか?」私は尋ねました。

「血液と精子を採取しました。そして私の頭にヘルメットのような装置を取り付けました。それは私の持つ記憶の全てを彼らのデータバンクに移送するものだと彼らは言いました。そんなことをする権利は彼らにはないと私が主張すると、彼らには私にはそれを拒む権利はないと言いました」

「他にどんな質問をあなたはしましたか?」

「お決まりの質問として、どこから来たのかと尋ねました。彼らはそれは我々の望遠鏡や探査機では見つけられないほど遥か遠く離れた星雲からだと言いました。神を信じているのかと聞くと、神はあらゆる生命体の中にいると彼らは答えました。彼らはイエス・キリストについては承知していて、その教えは普遍の宇宙の真理としてふさわしいものだと言いました（訳注〝承知している〟の意味が、実際にイエス本人の存在を知っているのか、地球にあるキリスト教を知っているだけなのかは不明です）。また、彼らは家族単位で生活しているのかと尋ねると、養育者だけが家族単位で暮らしていると答えました」

「養育者？」

「ええ、子供を持つために選ばれた者たちです。彼らは自分たちの惑星の人口増加については非常に慎重にコントロールしています。彼らは寿命を千年ほどまで延ばすことが可能なようでしたが、そうする際は、生まれてくる子供たちの数もそれに合わせて調節するそうです。生まれてくる者の数は、死んでいく者の数と同じにしているんです」

「つまり彼らも死ぬということですね？」

「我々のような死の迎え方ではありません。自分がもはや社会の役に立てる構成員ではなくなったと感じた時に自ら死を選ぶんです」エモリーは言いました。

「他に彼らにどんな質問をしましたか？」

「どのくらい長いあいだ宇宙を旅しているのかと聞いたところ、地球時間で四万年以上になると彼らは答えました。宇宙船の推進力について尋ねると、それは宇宙のフォース（自然な力）であると彼らは言いました。我々が知っている燃料の類は彼らの世界には存在せず、宇宙には推進エネルギーが内包されているが、地球の科学者がその秘密を知るのは何世紀も先のことだろうと言いました」

「病気についてはどうですか？　それについて彼らに質問しましたか？」

「ええ質問しました。彼らは、宇宙に存在する全ての生命体には自らを癒す能力が備わっていると言いました。彼らによると、地球人たちも始めのうちはその能力を持っていたが、その能力は取り去られてしまったといいます」

「どのようにして取り去られたのでしょうか？」

「それを私も尋ねたんですが、それは宇宙における秘密事項の一つで、自分自身に問うべき質問であると彼らは答えました」

「彼らが人間のことをどう思っているのか、全体を通してあなたが感じたことはありますか？」

「私は彼らの人類に対する印象について質問し、我々は生き延びて行けると思うかどうか尋ねてみました。彼らが言うには、地球人類は動物界や植物界を支配するようになっているという観点では、この惑星で最も強い種族であるといえるものの、宇宙の観点から見れば、最も弱い生き物であるそうです」

「なぜ彼らには人間を誘拐する権利があるのか、あなたは尋ねてみましたか？」

「はい。彼らの答えは、自分たちは宇宙において優勢な立場にいる種族だからだということでした。それを受けて、私は彼らが我々を動物のように扱っていることを非難したところ、彼らはそれは我々の発達段階がまだ動物レベルだからだと答えました。私は立腹して、なぜ動物の精子が必要なのだと問いただしました。すると彼らの中の一人が私に歩み寄ってきて言いました――『なぜなら、あなた方は、かつては私たちと同じ立場にいたからです。あなた方も同様の選択肢を持っていましたが、あなた方は破壊の道を選んだのです。発達というものに対するあなた方の考えは、私たちとは違う進化の道を選ばせるものでした。私たちは生命と知識の尊重を選択しましたが、あなた方はそうしませんでした』」

「彼らの言ったことは本当だと思いますか？」

「彼らが自分たちの生命を尊重しているのは本当だと思いますが、それ以外の惑星の生命はないがしろにしています。だから私は怖さを感じています。地球は彼らにとっても居住が可能な環境であるようです。もし我々を駆逐すれば、彼らは破壊的な人間たちから地球を守ることができます。それが彼らの計画ではないのだろうかと私は心配しているんです」

「他に何か彼らに質問をしましたか？」

「そうする機会がありませんでした。彼らはもう私に与えられた対話の時間は終わりだと言ってきました。そして、もし今回の自分の訪問についての記憶がよみがえっても、口外はしないようにと命じました。それから、とどめの一言は、もし仮に誰かにしゃべったとしても、誰も私の言うことを信じることはなく、精神状態が不安定な人間のように思われてしまうのがオチだろうというものでした」

「そう言われてどのように感じましたか？」

「脅しに過ぎないと思いましたが、彼らの言う通りの部分もあると分かっていました。私は世間に公言したくはありませんでした。あなたの伯父さんから、あなたとあなたのしていることを聞いて、北米インディアンとＵＦＯ遭遇体験についてのあなたの本を読み、あなたなら、私の話を批判的にならずに聞いてくれるだろうと思いました。そして私の体験が価値のあるものだと判断してもらえたら、名前を伏せたかたちで世の人たちに警告をする手立てが得られるだろうと思ったのです。ですから私はあなたに会えたことをとても嬉しく思っていて、モービルまで来てもらえたことを喜んでいるんです」

「一緒にいたあなたの同僚二人はどうなったんですか？」私は尋ねました。

「連れ去られた時とまったく同じように三人とも元の場所に戻されていました。突然に私は受話器を持ったまま立っている自分に気づきました。電話口からは空電ノイズだけが聞こえていました。私は電話を切って、最後に二人を見たほうへ顔を向けました。視線の先では、二人ともカメラの設置に四苦八苦していました。私が歩み寄ると、彼らはこんなに時間を取ってしまって申し訳ないと謝ってきました。何かあったのかと彼らに尋ねると、二人とも誘拐のことは何も覚えていませんでした。私は彼らのもとを離れ、また持ち場に戻ってモニタリングセンターに電話をかけました。もう受話器からノイズは聞こえませんでしたが、応答したのは別の人物でした。彼によると、私が最初に話していたエルトンという男性は三時間前にシフト勤務を終えたとのことでした。それから仕事を終えた我々はベースキャンプに戻りました。それ以降は二人の同僚には一度も会っていません」

「もうひとつお聞きしたいことがあります。あなたたちを誘拐したのは、ホッキョクグマをさらっていったのと同じ異星人たちだったと思いますか？」

「あなたに言い忘れていたことがあります。私は動物たちが台に乗せられている部屋を見ました。動物たちの上の空間に異星人たちが浮遊していました。病院のような光景でした。管を通して血液が採取されているようでした。ですから、はい、どちらも同じ異星人たちだったと確かに思っています。ただ、それについて尋ねる機会が一度もありませんでした」

「その部屋はどこにあったんですか？」

「個別の検査をするためにエレベーターに連れて行かれる際に、その部屋のドアから異星人が出てきて、ドアが少し開いたままになっていたんです。その隙間から少し見えただけですが、動物たちの姿がありました」

「ホッキョクグマですか？」

「いいえ、クジラです」

「クジラ！　あらまあ。他にも何かいましたか？」

「いえ。ちらっと見ただけですから。でもクジラははっきり見ました」

「ではご自身についてはどうですか？　遭遇体験についてどう感じていますか？」

「なんとも言えない気持ちです。ところで、異星人たちは感情を持たないんです。感情表現といったものがまったくないんです。皆無です。無表情で、何を考えているのか分からないような顔をしていました。彼らの顔には、積み重ねてきた人生の体験や、年齢や、深い悲しみや喪失感、あるいは幸福感などを示すものが何も感じられませんでした。彼らは人というよりは機械でした。もし彼らにわずかばかりの体毛がなかったら、私は彼らのことをロボットだと思っていたかもしれません」

「あなたは最初に、なんとも言えない気持ちとおっしゃいましたが、詳しく聞かせてもらえますか？」

「彼らが人間を誘拐して実験を施していることをやめさせられなかった自分に腹を立てて

います。彼らの非人道的な動物への惨殺行為にも嫌悪感を覚えています。それから私の同胞である人類に対しても腹を立てています。もし、離れた場所に住む〝いとこ〟たちと同じ選択肢を我々も最初に与えられていたのなら、なぜ我々は戦争と破壊の道を選んでしまったのでしょう？　私は人類を恐ろしく感じています」

「なぜあなたは宇宙には私たちの〝いとこ〟たちがいると分かっているんですか？」

「それは私があなたに言い忘れていたもうひとつのことです。異星人たちは、宇宙には地球人類よりも進化した種族が三〇〇以上存在しており、その全てがヒューマノイド型であるというわけでは決してないと言っていました」

「彼らはそのことついてもっと説明してくれましたか？」

「いいえ。それらの種族についてもっと教えてほしいと私が頼むと、彼らはその件について自分たちは勝手に話せる立場にはないが、我々が注意を払ってさえいれば、それらの種族に遭遇するだろうと言いました」

エモリーと最初に会って以降、私は彼と五、六回ほど話す機会を持ちました。彼はその後も自身の遭遇体験について語っていましたが、話の内容は終始一貫していました。彼は七〇歳になったら仕事を辞めて、私の住むモンタナ州を夏に訪れてみようかと考えていると言っていました。彼は同州に避暑地の別荘を購入する計画を立てています。私は隣人として彼を歓迎することでしょう。

第九章　かつて地球は彼らの故郷だった

二〇〇六年、ステファン・ホーキングは人類が新しい住まいを見つける必要性について問題提起をしました。彼によれば、我々がこの先も末永く存続していくためには、他の惑星に居住していくしか道はないといいます。宇宙飛行士であり国民経済のアカデミー（ＡＮＥ）の教授でもあるセルゲイ・クライコフスキもホーキングに同意し、人類が生き残るためには地球外へ赴かなければならないと考えています。この章に登場する男性は、彼の牧場に飛来した訪問者たちが、かつてこの地球で暮らしていて、時おり故郷を懐かしむために里帰りしてきていると信じています。

ジェファーソン・トムは、自分の名前は彼の母親がトーマス・ジェファーソン大統領にちなんで名付けたものだと私に説明しました。彼は、カウボーイ歴が六〇年になるといいます。「私の初めての仕事は一二歳の時でした」彼は言いました。「時給五〇セントで雇われて、自分は裕福になったと思ったものです。それ以来ずっとカウボーイを続けているんです」

私は、テーブル越しの席に座っているこの男性の顔を見ていました。私が彼と出会ったのは、ある保留地で開かれた小規模のパウワウ集会の場でした。そこで私は、彼の親族と同席していました。一連の踊りの披露が続けられていた時、彼が私のほうに身を寄せてきて、私に話したいことがあると早口で耳打ちしてきました。その後、私に自分の住所を伝え、ぜひ自宅に招待したいと申し出てきました。

その二カ月後、私は彼の自宅キッチンのテーブルに着いていて、目の前にはブラックのカウボーイコーヒーの入ったコップと、トゥインキーズのスポンジケーキの箱が置かれていました。彼の忠実な愛犬メイトーは、彼の足元に座っていて、私が少しでも身動きすると、うなり声をあげました。

「彼は警戒心が強いんですよ」ジェファーソンは言いました。

彼は屈強そうな外見をしていました。身の丈は一八五センチほどで、がっしりとした肩をしていて、ロデオカウボーイなら誰もがうらやむような体型でした。もし私が彼の話から年齢を計算していなければ、彼はまだ五〇歳にも満たないだろうと推測していたでしょう。私の向かい側の席に彼が腰を下ろし、汗の染みがついたカウボーイハットをテーブルの上に置くと、小ぎれいに刈り上げた白髪が姿を見せました。大きなターコイズの指輪は五本の指を覆い隠してしまうほどのサイズで、お揃いのターコイズの石をあしらった銀の十字架が首から下げられていました。

「あなたにタバコをお持ちしたんです」私はそう言って、テーブルの上を滑らせるように小袋を差し出しました。

「これはこれは結構なものを」彼は言いました。「我々の旅がうまく行くようにお祈りしましょう」

「旅?」

「乗ってみたいですか?」彼はタバコの小袋を開けながら聞いてきました。

「乗馬のことを言っているんですか?」私は尋ねました。

「ええ。あなたを丘陵地帯にお連れしたいと思っているんです。そこであるものをお見せしたいんですけど、そこにたどり着くには馬に乗っていくしかないんですよ」

「ええ、乗馬ならできますよ」私は言いました。

「それはよかった」そういうと彼は、祈りの儀式を終えるまで沈黙したままでした。

二人で馬小屋までいくと、彼は二頭の馬を指さして言いました。

「あの二頭の雌馬はジューンとジュライといいます。どちらでも選んでください。ジューンのほうは六月生まれです。だからジュライの名前の由来もお分かりでしょう? どちらも性格が優しくて、柵の外に出ていくのが大好きなんです」

私はその説明にとくにコメントはせずに、自分用の馬にはジューンを選び、彼女に鞍を付けるために外に連れ出しました。実際にまたがってみると、ジューンの体温や感触がじかに私の体に伝わってきました。そして私たちは丘陵地帯に向けて出発しました。とても気持ちの良い春の朝でした。

「ここからどのくらいかかるんですか?」私は尋ねました。

「二時間ですね。三〇分ほど前後するかもしれませんが」彼は愛馬ビリー・ジャックの足を速めながらそう答え、私を引き離していきましたが、ジューンは何の問題もなくビリー・ジャックのペースに合わせました。そうやってそれから二時間のあいだ、私たちは岩場や土手を乗り越え、丘を上ったり下りたりし、最後の三〇分は坂道をのぼり続けました。

丘の頂上にたどりつくと、私たちは地面に足を下ろし、馬たちには自由に草を食ませました。ジェファーソンはポツンと立った一本の木のところへ私を連れていき、その近くの地表にできた小さな湧き水を指さしました。

「私は飲もうとは思いませんが」彼は言いました。「清々しさは格別ですよ」彼は首に巻いていたスカーフを解くと、それを冷たい湧き水に浸してから私に差し出しました。

「ちょっとこっちに来て」彼は私がひと息つく間もなく言いました。「あなたに見せたいものがあるんですよ」

彼は隣接する丘へ私を案内しました。

「私はここへは馬たちを連れてこないんです。ここでは余計なことは何もしないで静かにしていたいからです」

「ここから何が見えるんですか？」私は尋ねました。

「もう二、三歩だけ前に出れば、見えてきますよ」

彼の言った通りでした。それを見た瞬間に私の足が止まりました。そこには枯れ果てた草が形づくった巨大な円形の痕（サークル）がありました。

「私の知る限りでは、これを見たのは私以外ではあなただけです」

「これは凄いものですね。いきさつを教えてください」

「話せることはあまりないんです。ここはスターピープルが着陸する場所です。見てのとおり、きれいな正円になっています。これは彼らの宇宙船の形と同じものです。きっと着陸の時に発生する蒸発気に含まれる何かが、草木やあらゆる生き物を死なせてしまうんでしょう。私はこのサークルに近づいてきた蟻が引き返していくのを見ました。蜘蛛も同様でした。サークルを横切っていく生き物は全くありませんでした。だからあまり近づいてはいけません。有毒なものかもしれませんから」

「それは放射性のものかもしれないという意味ですか？」

「よく分かりませんが、動物、そして虫までもが人間よりも賢くて、サークルの中には入りません。私はコヨーテやウサギがサークルを迂回しているのも見たんです」

「その宇宙船を操縦している者たちをあなたは見たことがあるんですか？」

「ええ、ありますとも。ここは彼らの憩いの場なんです」

「憩いの場？」

「つまり、私には彼がここで休憩しているように見えるんです。少なくとも、ここは彼らが別の場所へ向かう途中に立ち寄っている場所なんです」

「いつも、何時ごろにあなたはここで彼らを見ているんですか？」

「彼らが来るのは夜間だけです。初めて彼らの姿を見た時、私はこの木の下にテントを張って、馬たちに草を食ませていました。そして小さな焚き火を起こして、コーヒーを入れ、鍋でチリコンカルネを作っていたんです。そのとき彼らが東の方向からやってきました。そしてこの地点の上空でホバリングし、ゆっくりと下降してきて、まるでその操作をこれまで何千回も練習してきたような手慣れた感じで、そのサークルのある場所にピタリと着地したんです。それは不思議な着地のしかたで、風をいっぱい巻き上げながらも、音はいっさい立てませんでした」

「それからどうなったんですか?」私は尋ねました。

「宇宙船が着陸した途端、それまで光っていたライトが一斉に薄暗くなって、滑るようにドアが開きました。私はすぐさまコーヒーポットのお湯で焚き火の炎を消し、木の下にかがみこんで、状況を観察していました。すると、人間の形をした六人の者たちが宇宙船から降りてきて、谷底をのぞきこんでいるかのように、身を伸ばしたり、座り込んだりしながら、あちこちを歩きまわっていました。彼らの話し声は一度も耳にしたことがありません。私は好奇心と恐怖心が入り混じったような気持ちでいました。そして宇宙船で地球に来られるような彼らの能力や知力はどれほどのものだろうと思いながら、彼らの前では自分がとてもちっぽけでつまらない存在のように感じていました」

「彼らがどんな姿をしていたのか教えてもらえますか?」

「私は彼らの影しか見ていないので、顔や体の様子などの細かい点は描写できませんが、シルエットの形を見た限りでは、人間のように見えました。人間の姿をしていたんです」

「彼らはどのくらいここにとどまっていたんですか?」

「おそらく三〇分くらいでしょう。それ以上ではありません」

「最初の目撃以来、彼らの姿をずっと見てきているんですか?」私は尋ねました。

「過去四年の間で彼らの姿を三回見ています。私はここへは春と夏に来ているんです。春になると家畜たちをここの牧草地に連れてきて、秋になるとここから小屋の近くまで連れて帰っています。その間、私はだいたい一カ月に一度はここへやってきて、家畜の数を数え、迷い出たものたちがいたら探しているんです。まあ、カウボーイの暮らしの一部にすぎませんが」

「いつも一年の同じ時期に彼らの姿を見かけているんですか？」

「そういうことは一度も考えたことがありませんでしたが、違いますよ。春と秋に見てきています」

「彼らと会話を交わしたことはありますか？」

「それは一度もありません」

「彼らにあなたの姿を見せたことはありますか？」

「それも一度もありません」

「彼らはその時々によって様子が違っていますか？」

「毎回同じです。着陸して、外に出て歩き回って、それから谷間を見下ろす丘に腰を下ろして、三〇分ほど経ったら宇宙船に戻って去っていくというパターンです」

「これまで彼らについて、どこか普通ではないような点に気づいたことがありますか？」

「彼らについて一つだけ気づいたことがあります。息遣いが荒かったんです。彼らが呼吸をする音が私のほうまで聞こえてきました。きっとこの惑星の大気が彼らのものと違うせいだろうと思います。彼らが三〇分以上ここにいることはありませんでした。おそらくそういう理由からでしょう」

「何か呼吸装置のようなものを彼らは装着していましたか?」

「そういうものは私には確認できませんでした」

「背丈はどのくらいありましたか?」

「私より低かったです。たぶん一七二センチくらいだったと思います。まるで一つの鋳型から取り出されたかのように、全員が同じ背丈をしていました。みんな同じサイズだったんです。体重や身長にバラつきは全くありませんでした。それは宇宙旅行のためだと私は思いました」

「どういう意味ですか?」

「パイロットとしての体のサイズに制限があるんだと思います。分かりますか? たぶん体重と身長の基準が設けられているから、全員が同じような体型に見えるだけなんでしょう」

「なぜあなたは彼らに自分の存在を一度も知らせなかったんですか?」私は尋ねました。

「遠くから見ているだけにしておくのが最善だと考えたからです。彼らが地球までやってくることができるのは、我々よりも多くのことを知っているからです。私は自分の理解できないことに首を突っ込みたくはありません。彼らが何をしていようと、それは彼らの用事であって、私には関係ないことです」

「彼らがあなたの放牧場に勝手に入ってきていることに対しては、あなたはどう感じていますか？」

「そんなふうに考えたことは一度もありません。私の母親は――彼女は白人女性でしたが――私が二歳の時に両親からここを相続したんです。私たちは保留地を離れてここに引っ越してきたんです。私の父親はここで働いて良い暮らしをすることができました。私もそうです。でもスターマンたちのことを考えると、ことによるとここはもともと彼らのものだったのかもしれないと私には思えるんです」

「どういう意味なのか説明してもらえますか？」

「二週間前に彼らの姿を見ていたんですが、そのとき不思議な気分になったんです。なんとなくですが、私が観察していることを彼らは知っているように感じたんです。実際のところ、一瞬のことでしたが、彼らが私に語りかけてきたように思えたんです」彼はそこで言葉をとめて、私を馬のもとへと再び連れて行きました。

「彼らがあなたに語りかけてきたように思えたというのは、どういう意味ですか？」私は尋ねました。

「あなたに頭がおかしい人間だと思われたくはないですが、私は彼らが私に向かって、ここはかつては自分たちの故郷だったと言うのを聞いたように思えたんです」

「自分たちの故郷？　彼らは他に何か言いましたか？」

「私が彼らから言われたように感じたことは、あなたや私が立っているこの地には、かつては彼らが暮らしていたので、ただ戻って来ているだけで、でも彼らは今は別のところへ移ってしまってはいるけれど、ここがとても好きだから戻って来ているんだということです」

「他には何か言っていましたか？」

「いいえ何も」

その後も、私はジェファーソンのことをよく思い起こしています。自身の遭遇に対する彼の受け取り方は独特なものではありますが、私は彼の言っていることは本当なのではないかと思わずにはいられません――〝彼らが何をしていようと、それは彼らの用事〟なのだろうと。けれども、もし彼らがかつてこの惑星で暮らしていたとするならば、私はそれと同様の別の可能性についても考えずにはいられませんでした――我々の中にも、すでに地球とのつながりを絶って、別の星々で暮らしている人たちがいるのだろうかと。

第十章　ベア・ビュートに舞うＵＦＯ

サウスダコタ州スタージスの近くにあるベア・ビュートは、岩石の循環によって形成された孤立丘で、ヴィジョンと祈りを通して創造者と対話をする場として、ラコタ族や北シャイアン族など多くの北米インディアン部族に神聖視されています。毎年、およそ六〇の部族から成る何千人もの北米インディアンが聖地詣でにベア・ビュートを訪れ、四つの方位を象徴する布（赤、黒、白そして黄色）と小さなタバコの束を木の枝にくくりつけていきます。多くの宗教的儀式も行われるこの地は、祈りと瞑想そして安らぎの場とみなされています。また、青年たちはさまざまな機会にベア・ビュートに赴き、〝ハムブレイシア〟またはヴィジョン・クエストと呼ばれる古くからの儀式を行います。そこでは一昼夜から四昼夜にわたり、食べ物と水を絶ち、屋根のない自然の中の隔離された場所で過ごし、霊的な対話の時間を持つことに専念します。それらを通して、自身の人生における定めに直接関係する夢やヴィジョンを体験することが往々にしてあるのです。過去何年もの間、〝ハムブレイシア〟を体験した多くのラコタ族の青年たちと私は語り合ってきました。彼らはＵＦＯの目撃や異星人との遭遇を一度ならず経験してきていました。この章では、デュアンという若者がその体験を語ってくれます。

二〇一三年の夏、私はベア・ビュートに向かって車を走らせていました。最後にベア・ビュートに登ったのは一九八〇年代のことで、ラピッド・シティ学校区のラコタ族の子供たちの引率をして、頂上まで登りました。それは学校の遠足でしたので、数人のラコタ族の長老と保護者も付き添っていました。遠足の目的は、ベア・ビュートが人々にとって大切な場所であることを子供たちに教えることでした。それから三三年が経過し、私は今度は一人でこの地への旅をしていました。私が丘を登り始めていた時、背後からもう一人の足音が聞こえてきました。肩越しに後方をちらりと見ると、ニコニコした青年が私のわずか三メートル足らず後ろを歩いていました。私は彼が追いつくまで足をとめて待ちました。

「やあ、伯母さん」彼が声をかけてきました。私は彼と血縁関係はありませんでしたが、その呼びかけに驚くことはありませんでした。先住民の習慣として、女性は誰でもある一定の年齢に達すると、親しみを込めて〝伯母さん〟と呼ばれていたからです。

「こんにちは」私は返事をしました。

「ずいぶんと早起きなんですね」彼は言いました。

「混雑と炎天下を避けたかったのよ」

「僕もそうです」彼は答え、

「これまでもベア・ビュートに登ったことはあるんですか？」と尋ねました。

「三三年前にラコタ族の生徒のグループと来たことがあるの。一日がかりの遠足よ」

「僕は去年ここでハムブレイシアをして、一八歳の誕生日を迎えたんです」

「それは素晴らしいわ」

「それは人生を変える体験となりました」そう答えた彼は、もの思いにふけっているようでした。


それから二、三分間、私たちは黙ったまま小道をたどって歩いていました。時おり彼は足をとめて、道沿いに育っていた野生のカブや薬草類を指さしました。しだいに頂上に近づくにつれて道が荒れて曲がりくねってくると、彼は私の足取りを安定させるために手を取ってくれました。周囲のどこを見ても、ここが神聖な地であることをあらためて感じさせられました。ほぼ全ての木々の枝や灌木に、タバコの束と布切れが結わえられていて、色あせたものもあれば、色鮮やかなものや、最近くくりつけられたばかりの真新しいものもありました。二頭のバッファローの赤ん坊が膝丈ほどの草むらの中ではしゃぎ回っていて、それを群れのバッファローたちが注意深く見守っていました。その近くには、廃屋となったインディアンの儀式の小屋も見えました。頂上に到達すると、そこにはこれまで数えきれないほどの人たちが霊的な探究心を持ってこの場所を訪れていたことが一目瞭然でした。頂上の背後を取り囲んでいる小さな木々には、何百ものタバコの束が結んでありました。私の目をひいたのは、低木の根元近くに置かれていた手つかずのリーシーズのキャンディバーでした。他にもさまざまな物がありました。写真、鏡、ビーズ飾りのイヤリング、そして赤ちゃん用のガラガラなどが供えられていました。

「ところで、僕はデュアンといいます」彼が言いました。

私が自己紹介をすると、彼は満面の笑みを浮かべました。

「あなたは数年前にラピッド・シティ学校区で働いていたんですか?」デュアンがそう聞いてきた時、私は眼下に広がる谷間を眺めていました。

「もう何年も前のことよ」

「あなたが発起人となっていたダンスクラブに僕の父がいたと思うんです。あなたはラピッド・シティ学校区でインディアンの子供のための伝統的なダンスクラブの発足の手助けをしていましたか?」

「ええ、数人の若いラコタ族の男性がボランティアで太鼓隊やダンス指導者として力を貸してくれて、保護者たちは子供たちのためにダンス用の晴れ着を作ってくれたわ。あれは地元ぐるみの活動で、私はただの世話役にすぎなかったのよ」

「父さんはあなたがラピッド・シティを離れるのをとても残念がっていました。その後もいつもあなたの思い出話をしていました。いちど一緒にベア・ビュートに登ったことがあるとも言っていました」

「あらまあ、世の中って狭いものね。お父さんのお名前は？」

デュアンはうなずいて答えました。「レイっていいます」

「彼のことなら覚えているわ」

「あなたに覚えていてもらって、父も喜ぶでしょう」

「遠足の時に、レイが私と並んで歩いていたのを覚えているわ。ときどき彼は私のほうに腕を伸ばして手を取ってくれていたの。彼はいちど、私が自分の母親だったら良かったのにって言ったことがあったわ。そのとき私は彼のお母さんが亡くなっていたことを知ったの。とてもやるせない気持ちになったわ」

「あなたがラピッド・シティを去ってしまって、父がとても淋しがっていたのを僕は知っています。そのあと父は結婚して、後年に母が僕たちをおいて出て行ってしまった時、父は結婚相手を選ぶ時は慎重にするように僕に忠告しました。そしてあなたのような人を見つけるように言いました」

「お父さんにくれぐれもよろしく伝えておいてね。私はモンタナ州に移ってもう三〇年以上になるけれど、私にとってはこっちへ来たことは良かったの。モンタナでずっと幸せに暮らしてきたから」

「それから父はあなたが書いたＵＦＯとインディアンについての本を二、三カ月前にたまたま見つけたとも言っていました」

「たしかに私はその本を書いているわ」

「僕はＵＦＯと遭遇したんです。ここでハムブレイシアをしていた時のことでした。ここでと言っても、正確にはいま僕たちが立っているこの場所ではなくて、自分たちのために用意してある特別な場所です。ヴィジョン・クエストを始めて二日目の晩に、ＵＦＯが現れたんです。それは僕の人生を変えてしまう出来事となりました」

私は目の前に立っているこの若者を見ていました。彼は私を一三〜一五センチほど上回る長身で、矢じりを象った黒曜石を生皮製の紐で首から掛け、擦り切れたリーバイスのジーンズを履き、Ｔシャツの胸には〝ブラックヒルズは売り物じゃない〟の言葉がプリントしてありました（訳注　ブラックヒルズの山は、かつて金鉱床に目をつけた白人と聖地を守るインディアンとの激しい戦いの場となっていた）。襟のそばにある小さな穴は、そのシャツが彼のお気に入りであることを物語っていました。彼は長い黒髪を背中に垂らし、笑うと笑顔が顔全体に広がって、両頬にできるえくぼがブロンズ色の肌にくっきりと浮かびました。

「あなたの体験が聞きたいわ。今日はここを下りたらどこへ向かう予定なの？」私は尋ねました。

「ラピッド・シティに戻ります。父さんはまだそこに住んでいるんです」

「あら、私もラピッド・シティに行くの。その町で一泊する予定よ。たぶんそこでお話できるわね」

「まるで、あらかじめ何かに仕組まれていたみたいですね」彼は笑みを浮かべ、ベア・ビュートを二人で降りていく際に私の手を取ってくれました。

二時間後、私たちはラピッド・シティのオマハ通りにあるザ・イスタパ・メキシカン・レストラン内で、隅の三角テーブルの前に腰かけていました。チキン・エンチラーダとアイスティーを注文した後、デュアンは父親との暮らしぶりについて私にいろいろ話してくれました。フライドポテトと豆のディップが運ばれてきた時、デュアンは自身の体験を語り始めました。

「僕は子供の頃から夜空に不思議なものを何度も見てきました。住む場所がニューメキシコ州、サウスダコタ州、ノースダコタ州へと移っていっても、不思議な光とＵＦＯを見続けてきました。僕は宇宙に我々の兄弟が存在することを知るために選ばれたんだと、なぜか常に感じていたんです。他にもこんなことを言う人にあなたは会ったことがありますか？」

「子供時代からずっと、ＵＦＯとの遭遇体験をしているという人たちと私は会っているわ」

「僕は物心ついた頃からずっとＵＦＯを見てきましたが、彼らと交流をした記憶はなくて、その体験を初めてしたのが、あの晩のベア・ビュートでの出来事でした」

「その晩にあったことを話してくれる？」私は尋ねました。

「僕はベア・ビュートで三日三晩を過ごすことを決めてやってきていました。初日の晩は温かかったんです。風も吹いておらず、その夜は何事もなく過ぎていきました。けれども二日目は、真夜中頃になって雨が降りだしたんです。風も容赦なく吹き付けてきました。雨粒は僕の肌に打ち付けるように当たり、まるで何百回も蜂に刺されているかのような鋭い痛みを覚えました。真夜中を少し過ぎると、雨は雪に変わりました。僕は凍りつくほどの寒さを感じていました。それから偉大な精霊に祈りを捧げ、自分の将来についての〝しるし〟を求めました。僕は自分に問いかけていました。自分は身の程を知らないんだろうかって」

彼はそこで口をつぐみ、窓の外を見やり、神経質そうに指先でテーブルをトントン叩いていました。

「話したくないようなことがその晩に起こったのかしら？」そう私が尋ねると、彼は首を振りました。

「あの晩、降り注ぐ雪の中を貫くように、一筋の白く輝く光が突然に降り注いできて、周囲一帯を明るく照らしたんです。その光線に乗って一人の男性が舞い降りて、僕のほうに歩み寄ってきました。そして怖がらなくてもいいと僕に言いました。その時、僕の周りには雪が降り続けていて、風もヒューヒューと吹いていたにもかかわらず、急に体に温もりを感じたんです。彼は自分たちは僕のことを長い間ずっと見守っていて、僕に見せたいものがあると言いました。そして彼は僕を宇宙船に乗せました。次に覚えているのは、そこから別の星を眺めていたことです――滅びかけている惑星です。彼がいうには、その惑星はかつては地球のようだったけれど、今は瀕死の状態にあり、居住者たちは自分たちの世界を大切にすることをこれまでずっと怠ってきたため、今はその日一日を生き延びるために懸命になってい て、これは未来における地球の姿でもあるとのことでした」

「その惑星はどこにあるの？」私は尋ねました。

「分かりません。僕に分かっているのは、それは荒廃して死にかけている惑星だということだけです」

「起きてしまったことを変えるために、何かできることはなかったの？」

「彼がいうには、もし地球の状況がこのまま変わらなければ、もう人間にとっては手遅れになるだろうとのことでした。それから彼は、いつの日か僕は指導者になり、地球を変え得る幾つかの決断を下す立場になるだろうと言いました。そして全ての重大な変化は、一人の個人もしくは少人数のグループによってもたらされるもので、僕はその一役を担うように運命づけられていると言いました」

「その予言についてあなたどう思っているの？」

「僕にはよく分かりません。僕はごく普通の男です。自分がどうすればそのような役割を担えるのか分かりません」

「長老たちにそのことを話してみた？」

「そうしました。彼らは僕の夢はとても力強いものだと言いました。僕はこれは夢ではなく、自分は宇宙船に乗せられたんだと説明しました。そのとき祖父のルーサーはとても真剣に受け止めてくれたのを覚えています。祖父は僕の話を信じてくれて、その運命から逃れることはできないと言いました。僕の運命はあらかじめ計画されていて、僕は星々の指導者になるように運命付けられているのだと」

「お祖父さんは、それがどういう意味なのか説明してくれた？」

「いいえ。僕は祖父のもとを五、六回訪れていますが、まだ教えてもらっていません」

「宇宙人があなたを地球に戻してくれた時、他に何かあなたに言っていたことはある？」

私の質問に彼は首を振りました。

「他の惑星に連れていってもらってからほどなくして、気が付くと僕はまたベア・ビュートに戻っていました。まだ雪はやんでいませんでした。僕は一人きりになっていました。僕は〝ツンカシラ（祖父なる精神）〟へ指示を求める祈りを捧げました。ベア・ビュートを去っていった時、僕は自分には誰かを導くための十分な知識がないことを自覚していました。僕は翌学期に大学に入学しました。学位を取得するまであと三年かかりますが、際立った存在になるためには、さらに学び続けなければならないと感じています」

「あなたの専攻は何？」

「物理学です」そう言ってから彼は豆のディップを平らげて、笑いながら言いました。

「それも僕には説明がつかないことなんです。高校では科学を好きになったことなんて一度もなかったんです。実際のところ、それを敬遠していました。ところが、専攻する分野を書く欄に、僕は物理学と記入したんです」彼は信じられないといったそぶりで首を横に振りました。

「あなたがそれを選んだのには理由があると私は思うわ。専攻した分野の勉強はどんな調子？」

「僕は一つの物理学のコースしか修了していませんが、Ａ評価をもらいました。まるで本を開く前からその内容が全て分かっているような感じでした。必修科目でも好成績を収めています。数学は試験だけで単位を取得できて、これにも我ながら驚いています。僕は急速に成績を伸ばしていて、おそらく予定の四年間よりも早く卒業できるだろうと思います」

「すごいわねえ」

そのとき急にデュアンの携帯電話が鳴り、電話口の向こうにいるのは彼の父親であることが私には分かりました。デュアンがいま自分は私と一緒にイスタパにいることを告げた時、響く相手側の声が私の耳にも届きました。デュアンは笑顔で電話を切って言いました。

「父さんもこれからここに来ますよ。あなたに会いたがっています」

レイは数分もしない内に姿を見せました。私はかつて自分の最もプライベートな願いを話してくれた小さな男の子のことを思い出していました。彼はいまや四〇代前半の男性になっていました。コーヒーとデザートを味わいながら皆で思い出話に花を咲かせていた時、この父親と息子がよく似ていることを私はさらに実感しました。その日の締めとして私たちはレイの家でバーベキューを楽しみました。午後八時ごろに、デュアンの友人が何人かやってきて、太鼓を叩いたり、伝統的な歌を歌ったりして過ごしましたが、レイと私はその時間は二人で夜空を眺めていました。

私はその後もデュアンと連絡を取り合っていて、彼の大学での活躍を興味深く見守っています。彼は三年間で学士課程を修了して学位を取得しました。この期間中、彼は学生委員会の活動に加わり、インディアンクラブの会長も務めてきました。彼は現在、物理学の修士課程に在籍していて、卒業後に士官の任務に就くように海軍からオファーを受けています。彼はまずパイロットを目指し、最終的には宇宙飛行士になることを目標としています。私はデュアンが自身の使命、あるいはハムブレイシアの最中にスターマンに告げられた使命を達成する途上にあるのだろうかと思わずにはいられません。どのような理由であれ、私は彼が際立った存在の指導者になることを確信しています。

第十一章　彼らのことが私の頭から離れない

最近のハフィントンポストの世論調査によると、ＵＦＯが私たちの惑星を訪れて観察をしていると信じている米国人の割合は全人口の四八％で、宇宙船を目撃したことがある人は一〇％であるそうです。異星人に誘拐された経験があると主張する人たちは多く、その大部分は催眠状態においてその記憶を呼び覚ましていますが、二〇％の人たちは催眠術の手助けを必要とせずに自身の体験を全て覚えているといわれています。

この章では、宇宙船の着陸を目撃し、搭乗者たちとコンタクトを取っている女性が登場します。

私がジョニに出会ったのは彼女がモンタナ州立大学の看護学生だった頃でした。私が学生組合の建物内で昼食を摂っている時、彼女は私のテーブルに近づいてきて、相席してもいいかと尋ねてきました。その後の三〇分間、彼女は自分がいかにこの大学を愛しているか、そしてこのボーズマンの町に越してきたことが、それまで保留地で暮らしていた彼女にとっていかに大きな環境の変化であったかを、とうとうと話し続けました。その日から四年の間、ジョニと私はさまざまな機会に顔を合わせ、彼女が午後に実習がある日は頻繁にランチを共にしてきました。彼女はモンタナ大学を出た後は、同州のインディアン衛生病院で看護職に就き、その二年後にボストン出身の若き医師であるエミル・ロバーツと結婚しました。彼は貸与奨学金の返済のために、恵まれない地域、すなわち保留地で働いていました。返済を終えた後、ユタ州ソルトレイクシティ郊外の小さな共同体で医院を開業しました。毎年クリスマスの季節には、ジョニの家族の成長を伝える写真付きのカードが私に贈られてきて、時おり届くメールの便りには、子育ての楽しさが詳しく綴られていたり、順調に発展している家業についても書かれていたりしました。

二〇一四年一二月、ジョニはメールで、私が近い内にソルトレイクシティを訪れる予定はないかと尋ねてきました。彼女は最近私の本を買って読み、私と会いたがっていたのです。翌年の六月、私は南西部への車の旅に出かけ、ジョニとデニーズで朝食を共にすることにしました。道路をはさんだ向かい側にはベスト・ウエスタン・マウンテンビュー・インがあり、そこは州際高速自動車道一五号から少しそれた場所でした。女性店員に奥のブースに案内され、そのドアが開かれると、そこにいたのは卒業から十年以上経っているとはいえ、私が心から称賛していた自立心ある女性その人であることがすぐに分かりました。当時の長いポニーテールの黒髪は消え失せ、代わりに柔らかなレイヤーカットとなっていました。しみひとつない肌、高い頬骨、そして愛嬌のある笑顔は、さながらセレブ雑誌の専属モデルのようでした。

「わざわざ私に会う時間を作って頂いて、本当になんてお礼を言ったらいいか分からないくらいです」

そう言って彼女は両腕を私のほうに伸ばしてきて抱擁してくれました。私は彼女の声の調子に、何か差し迫ったものがあるのに気づいて言いました。

「そんなに緊急の用事だったとは気が付かなかったわ」

「あなたが想像すらできないほどのことなんです。メールには書きたくなかったんです」

そこで彼女は少し間をおいて、私たちは注文を済ませました。

「教えて、いったい何が起こっているの？」

「最近、私はＵＦＯについて強い関心を持ち始めたんです。もうそのことが頭から離れないと言ってもいいくらいなんです」

ウエイトレスが現れてコップにコーヒーを注いでいる間、彼女は話を中断しました。

「ＵＦＯに興味があるなんて、あなたは一度も私に言わなかったわ」

「たぶん一度もその話題にならなかったからでしょう。ＵＦＯには子供の頃からずっと興味はあったんです。ただ、私の最近の体験にあなたが耳を傾けてくれるだろうかって思ってためらっていたんです」

「体験？　あなたには遭遇体験があるの？」

彼女はうなずいて、落ち着かない様子でテーブルの上に置かれた銀製食器をいじり始めました。

「ええ。夫は信じてくれませんでした。あなたの本を見せた時も、読むことを拒みました。彼はＵＦＯというものは精神を病んだ人たちが作り上げた妄想だと思っているんです。そして私がＵＦＯの本を何冊も買い揃えたことに動揺していました。彼は子供たちにそういうものに触れさせたくないんです」

「誰か他の人に、あなたの遭遇体験について話したことはあるの？」

「私の母と父です。父は長老たちから聞いていたスターピープルにまつわる話を覚えていて、自分自身もこれまでの人生で二度の遭遇体験をしていたんです」彼女はそこで少し話をとめて、小物入れから化粧用のティッシュを取り出しました。

「両親以外には誰にも言っていません。私は自分の遭遇体験に動揺してはいないんです。それによって私は旺盛な知識欲に目覚めました。そして私は自分の身に起こったことに対する客観的な見解を必要としているんです。私の両親は、このことが原因でエミルと私の間に深い溝ができてしまったことを心配して、もうこの分野への関心を持つことをやめるように促しています。私の夫は客観的な意見というものを持てない人なんです。ですから、あなただけが私に残された唯一の望みなんです」

「私にできることなら何でもするけれど、その前に何が起こったのかを聞かせてもらう必要があるわ」

私は自分のバッグに手を伸ばして、彼女の話を録音させてもらう許可を求め、彼女はうなずきました。

「それは火曜日に起きたんです。毎週火曜日は私にとっての〝自分だけ〟の日なんです」

「つまり、遭遇をしたのは、あなた一人きりの時だったということね」

「はい。その日は私にとって、お買い物の日でしたが、家路に就くのがちょっと遅れてしまっていました。途中で子供たちのためにピザを買って、運転席に戻って腕時計を見ると、すでに五時一〇分になっていました。私は遅くとも五時三五分までには帰宅する予定で家を出ていたんです。そして自宅まであと少しとなり、ハイウェイから出る斜路に近づいてきた時、車両が小刻みに振動し始めたんです。私はハンドルを取られないように、両手でしっかりと握り、速度を落としましたがそのまま車を走らせていました。頭の中では、『なんとかして家までたどりつかなきゃ。ああ、明日は車を修理に出すことになるのかな』などと考えていました。けれども、小刻みな振動が大きな揺れへと変わった瞬間、今度は逆にピタリと静まりました」

「小刻みに振動したというのがどういう状態だったのか、具体的に説明してもらえるかしら？」

「ハンドルが小刻みに揺れていたんです。車体からは何か金属をこするような、甲高い音が聞こえてきていました。でもそれがやんで、道が急カーブに差し掛かった時、前方にある林が明るく照らされているのが見えました。その明かりはキラキラと輝いていました。最初、何かを探しているヘリコプターのライトだろうと思いました。それからふと、恐らく怪我人がいるのではという考えがよぎり、状況を確かめようと思い、さらに速度を落として徐行運転に切り替えました」そこで彼女は、コーヒーにクリームと砂糖を注いでから話を続けました。

「私は車を停車させ、もし捜索中の怪我人を自分が見つけることができれば、たぶん手助けができるだろうと考えました。どちらにせよ、もし誰かが手当を必要としているのなら、救急隊が到着するまで、少なくとも私が応急処置を施すことは可能でした。そして私が車から降りて周囲を見渡した時、思いがけない一陣の突風が吹きつけました。その時に私は巨大な物体を目にしたんです。それは私が車を停めた場所から道路を隔てたところにある、砂利が敷き詰められた窪地に着地しているところでした」

「どんな物体だったのか描写できるかしら?」

「巨大な筒形の物体でした。まるで五、六階の建物ほどの高さの飛行船のようでしたが、細長かったんです。とても長いものでした。おそらくフットボールの競技場か、たぶんそれ以上の長さだったでしょう。それが私の目の前で砂利を四方八方に勢いよく飛ばしていたんです。まるで竜巻のようでした」

「飛び散ってきた砂利があなたにぶつかったの?」

「いいえ、道路側に私の車があったので、助手席側の車体に傷がつきました。私はとっさに車の背後に身をかがめて、車体に砂利がぶつかって跳ね返る音を聞いていました」そう言って彼女は写真を取り出しました。

「車体の数カ所に窪みができてしまって、フロントガラスにはヒビが入っていました。エミルに見せたら、たぶん砂利を積んだトラックとすれ違った際に砂利が跳ねてぶつかったことに私が気づかなかったんだろうって言いました」彼女は私に写真を手渡して言いました。

「あまりよく撮れていませんが、損傷の具合は分かると思います」

「ええ、ちゃんと分かるわ」私はそう答えて写真を彼女に返しました。

「宇宙船が窪地に着地し終わると、風は止みました。窪地はわずか一五メートルほどの深さでしたから、船体の頂部を見ることができたんです。私は道路を渡って、窪地を囲っている柵を乗り越えました。その時点では私は怖さを覚えてはいませんでした。ワクワクしていたんです。もし信じてもらえるなら、私は嬉しかったんです。宇宙船を間近で見る恩恵にあずかったと感じていたんです」

「それはどのくらい窪地に停まっていたの？」

「二〇分か三〇分です、たぶん」

「もう少し様子が分かるように近づいたりしたの？」私は尋ねました。

「砂利の窪地の縁にたどりつくと、私は腹ばいになり、眼下の様子を固唾をのんで見守っていました。船底に光が照らされていて、人間の形をした一〇人くらいが歩き回っていました。彼らは上から見ている私の存在に気づいておらず、全く眼中にない感じでした。彼らはみな同じ薄い色の服に身を包んでいました。誰もがだいたい同じ背格好をしていました。身長は一八三センチほどだったと思います。頭には何もかぶっていなかったんですが、顔つきはまったく確認できませんでした」

「宇宙船はどんな感じだったの？」

「さっきも言いましたように、巨大なものでした。金属的な感じでした。窓はどこにも無かったんですが、ライトはありました。たくさんのライトです。まるで多層構造の潜水艦のようでした」

「現場の状況について何か覚えていることはある？　彼らは何をしていたのかしら？」

「何も分かりません。はっきりしたことは何も確認できなかったんです。三〇分ほどしたら、彼らは船内に戻っていき、ほどなくしてまた風が巻き起こり始めました。そして船体が浮上して、垂直に上昇していくさまを私は見ていたんですけど、宇宙船が窪地の上空まできた時、方向を変えて私のほうへ向かってきたんです。そして一瞬だけ私にスポットライトを当てました。すると急に安らぎと幸福感が私を包み込みました。私は乗組員たちに向かって両手を掲げて呼び掛けましたが、彼らはそのまま私の頭上を通り過ぎていきました。宇宙船はその際に、私の立っていた場所も含めた下方の地面を照らしました。最初はゆっくりと動いていたので、船体の両側面にそれぞれ三〇個の白いライトと一〇個の青いライトが入り混じって並んでいるのが確認できました。正面と背後にも青いライトが並んでいましたが、それらまで数える時間はありませんでした。それから宇宙船は南の方へ向きを変えて、数秒の内に飛び去っていきました」

「宇宙船の内部から漏れていた光は見えた？」

「何も見えませんでした。その後は、気づいたら六時間以上が経過していました」

「あなたはせいぜい三〇分かそこらの出来事を話していたはずだけど、気づいたら六時間以上も経っていたというのは、いったいどういうこと？」

「宇宙船が行ってしまってから、私はそれが戻ってくるまで車内で待っていたんです。彼らはまた私のところへ戻ってくると言ったんです。私はずっと待ち続けていて、やがて眠りに落ちてしまいました」

「彼らがまた戻ってくると言ったというのはどういう意味？　彼らと対面はしていないとあなたは言っていたはずだけど？」

「物理的には対面していませんが、彼らは戻ってくると私に言ったんです」

「どうやって彼らはあなたにそのメッセージを伝えたの？」

「宇宙船が頭上を通過していって、私が手を振って彼らに呼び掛けた時、彼らは私にまた戻ってくるって言ったんです。私は声を聞いたんです」そこで彼女は、ホットケーキを一口食べました。

「彼らが戻ってこなかったのは確かなの？　どう考えても、道端に車を停めて寝ている人を他のドライバーが心配して声を掛けることもなく六時間が経過するっていうのは長すぎない？　その道を通る近所の人たちはいないの？」

「宇宙船は戻ってこなかったと思います。それは確かなことです。彼らが去った後、すぐに戻ってくると思って車内で待っていたことを私は覚えているからです。そうしている内に眠気をもよおしてきたので、少し仮眠をとることにしたんです」

「ジョニ、そこのところをよく考えてほしいの。あなたは子供たちが待っている自宅に早く帰りたかった、でもそうせずに仮眠をとった。あなたにとって納得のいく判断だったと思える？」

「私にはよく分かりません。それについて考えたことは一度もありませんでした」

「ご主人はどうだったの？　同じ道を通って帰宅しているの？」

「いいえ、彼は側道を使っているんです。近道なので」

「その晩以降にあなたは彼らには会ったの？」

「いいえ、まだですが、会えることは分かっているんです。このことはエミルには話せません。彼は私がＵＦＯのことばかり考えてしまうことに動揺を隠せずにいますが、怒ってはいません。そして私が彼にこの話題を持ち出さない限り、そして本を子供たちの目には触れさせないでおく限り、私の一時的な脅迫観念によるものに過ぎないとみなすと言っています」

「それについてあなたはどう感じているの？」

「腹が立っていますし、欲求不満を感じています。でも受け入れるしかないんです。私は結婚生活を守りたいんです。私には三人の子供たちがいます。彼らをお父さんとお母さんがいる家庭で育てたいんです。でも、とてもやるせない気持ちになります。まるで体が左右から逆方向に引っ張られているみたいに感じています。家族への忠誠心と、スターピープルと共にいたいという理解しがたい切望の間で気持ちが揺れ動いているんです。彼らはまた私のところへやってくるって私には分かっているんです」

「どうしてそれが分かるの？」

「彼らは私にメッセージをくれるんです。自分がおかしなことを言っているのは分かっていますが、彼らが私のもとに戻ってくるって言っている声が私には聞こえるんです」

「つまりあなたは、スタートラベラーたちから、遠距離のテレパシー通信を受けているということね」

「そのとおりのことが実際に起こっているんです」

「ご主人にそのことを話したことはある？」

「いいえ。でも話したくないからではなく、私の結婚生活のためなんです。スターピープルのことを口にすることは二度とないでしょう。夫にそう約束したんです。でも彼らに関心を寄せないようにすることまでは約束していません」

「私に会いに来ることはご主人には伝えてあるの？」

「いいえ。母が何度も諭してくれたことに私は従っています――夫や結婚生活に差し障りのない限り、妻は夫に隠し事をすることが許されていると。エミルは善良な人間で、夫や父親としても愛情深い人です。私は彼のような男性を偉大な精霊にお願いしていたんです。正直なところ、ボストン出身の男性は予期していませんでしたが、彼以上の人はいないと思っています。ただ、さまざまな文化の違いについては想定外でした」

「詳しく話してもらえる？」

「そうですね。先ほども言いましたように、父は部族に伝わるスターピープルの話を私にいろいろ教えてくれていました。私たちの部族は皆が彼らの存在を知っているようなものです。父は自らも遭遇体験をしていました。インディアン以外の人の場合は違ってきます。彼らは科学的な証拠を必要とします。夫に秘め事をしている私は悪い人間だとあなたは思いますか？」そう尋ねてから、彼女はコーヒーを一口すすり、不安そうな面持ちで店内を見渡しました。

「あなたは自身がすべきことをしていると思うわ」私は答えました。

「私は良し悪しの判断はしないの。あなたは自分自身ですべき決断をしたまでよ。選択しなければいけない場合もあるでしょうけれど、選んだからには、その結果を受け入れなければいけないの。あなたのお母さんが忠告して下さったように、あなたの頭から離れないものが結婚生活に差し障るものとなってしまうのかどうか、その答えを出せるのはあなただけよ」

昼食を終えた後、私はジョニに案内されて、彼女が目撃体験をした砂利の窪地に向かいました。しかし現場に到着すると、安全帽に蛍光チョッキ姿の男性から、ただちにそこから立ち去るように強く求められました。ジョニは別れ際に、これからも私と連絡を取り合っていくつもりだと言いました。

その二、三カ月後、ジョニからいつものように家族写真を添えたクリスマスカードと家業の近況のお知らせが届き、同封された私信には、過日の私の訪問へのお礼と、早い時期に私が〝戻ってくる〟ことを願う気持ちが綴られていました。その文章にはスターマンが戻ってきた際にそれを伝えるために私たちが決めた暗号が含まれていました。ひざまずいて写真に収まっている三人の子供たちの後ろには両親の笑顔がありました。それは絵に描いたような幸せなアメリカ人ファミリーの姿に見えました。そんな彼女の幸せがいつまでも続くように私は祈っています。

第十二章　副保安官の遭遇体験

ＵＦＯと停電には大きな関連性があることが専門家に認識されています。ＵＦＯの出現の際に町全体の道路の街灯が停電したり、車のエンジンが止まったり、カーラジオの電源が落ちてしまったりした事例も報告されています。ＴＶの受信機も同様の影響を受けています。

この章では、ＵＦＯが近所で目撃された際に、小型トラックのエンジン故障を体験した副保安官と、衛星テレビの電波が途切れてしまった彼の祖父の体験報告をご紹介します。


サウスダコタの人里離れた田舎町を通る二車線の郡道を走行中に呼び止められたのが、私とジミーとの出会いでした。私は後方からのサイレンの音にびっくりして、とっさに速度計に目をやりました。車は制限速度を守っていました。私は路肩に車を停めて待ちました。

「どこへ向かっているんですか？」警官が私の顔をのぞきこみながら尋ねてきました。その制服を確認して、彼が副保安官であることが分かりました。私は少し驚いていました。というのは、郡がインディアンの警官を雇うのはあまり聞いたことがなかったからです。

「友人に会いにいくところです。食材を持っていって夕食を作ってあげる約束をしているんです。三カ月ぶりに会うんですが、時間に遅れたくないんです」

「友人とは誰ですか？」

「パーシー・グッド・マンという人です」

「ということは、あなたはイカれたパーシー爺さんの知り合いということですね」

「お言葉ですが、副保安官。あなたがイカれたパーシー爺さんと呼んでいるのは私の友人ですよ。あなたは年長者に対してもっと敬意を示すべきです」

彼は上半身を起こしてカウボーイハットをかぶり直し、笑いながら言いました。

「あなたのことを私は知っていますよ。ＵＦＯとかのことを書いているイカれた女性でしょう。あなたとイカれたパーシーはいいコンビですね」

私はその言葉にうなずき、彼と目線を合わせないようにして、手をハンドルに掛けたままでいました。すると突然に彼は笑い出して、帽子を取って、両肘を車窓にもたれさせて言いました。

「ちょっとからかっただけですよ。あなたに追いつけて良かったです。祖父からあなたが訪ねてくることを聞いていましたので。僕もお話したいことがあるんです。人目につくところでは話したくなかったんです」

「ではあなたは、私が誰かを知っていて停車させたんですか？」

「まあそんなようなものです」

「もうちょっと静かに接近してもらいたかったですね」

「申し訳なかったです」制帽のカウボーイハットで会釈をする仕草で彼は微笑んで言いました。

「パーシー・グッド・マンは本当にあなたのお祖父さんですか？　イカれたパーシー爺さんは」

「彼は僕のパパのような存在です。では彼の牧場でまたお会いしましょう」そう言って彼は笑い、私のスバルの屋根を手でコツンと叩きました。私は車を道に戻し、バックミラーの向きを調節して彼から目を離さずにいました。言葉のとおり、彼は私の車の速度に合わせながら、私が一本道に入っても付いてきました。アスファルトの道路が急に砂利道になり、車が保留地内に入ったことを示していました。パーシーの小さな家に着いた私がコンクリート敷きの私道に車を停めると、後方の副保安官もその後ろで停車し、ハッチから食材の入った袋を取り出している私の横を通り越して、玄関のほうへ向かいました。

「さあ、いらっしゃい」彼が私を呼びました。「きっとパーシーがコーヒーを用意して待ってますよ」

私が素直に彼に従って家の敷居をまたぐと、旧友のパーシーが出迎えてくれました。

「来てくれてありがとう」私の手をとってそう言うと、パーシーは私を台所へと案内してくれました。「あなたがここに来られる機会は本当に少ないですからね。ここにいる孫のジミーの母親はマーリーンです。彼女のことは覚えていますよね？　バーニー出身の北シャイアン族の男と結婚したんです」

「二、三年前に彼女がここに訪ねてきた際にお会いしたかと思います」

「ジミーは私の一人孫でね。彼はニューメキシコで育ったんです。父親はインディアン管理局で働いていました。ジミーは地元の大学へ行って、それから海兵隊に入って、また地元に戻って来ました。そこで郡保安官のポストに欠員が生じていたので、その仕事に就いたんです」私はパーシーの話に耳を傾けながら、ジミーが食材の袋を開けているのを見ていました。彼は誰が見ても人目をひく容姿をしていました。一八三センチの体型にピッタリ合った制服に身を包んだ彼は、それが海兵隊のものであろうと副保安官のものであろうと、あたかも制服を着るために生まれてきたかのように、自然で自信に満ちた身のこなしを見せていました。自己紹介された時の状況を差し引いて考えても、私はジミーが魅力的な人であることを認めざるを得ませんでした。

「ジミー、あなたはどこに住んでいるの？」私は夕食用の鳥肉に詰め物をしながら尋ね、ジャガイモの入った器のほうを身振りで示しました。彼はナイフを手に取ってジャガイモの皮むきを始めました。

「仕事がない日は、パーシーの家にいます。シフト勤務の間は、町の小さな共同住宅で暮らしています。僕は都会っ子のインディアンなので、保留地での生活に適応しようとしている最中なんです」彼はそう言うと、人を魅了するようなスマイルを浮かべて、コーヒーを一口すすりました。

「パーシーおじいちゃんをここで一人にさせておくのは心配なんです。この界隈は薬物の取引が横行していますから。薬物の製造は保留地内外の両方で行われています。僕は多くの時間を、連邦捜査局や麻薬取締局と行動を共にしながら、手掛かりを探したり、保留地内外の廃屋を調べたりして過ごしています。なかなか思うようにおじいちゃんの家にやってきて泊まっていく時間が取れずにいますけど、週に一、二回は都合をつけるようにしています。なので週末はいつもここにいるんです」

「それはいいことね」私は言いました。

「僕はここが好きなんです。パパは特別な人です。ただ、あなたも自分の身の安全に気を配っておく必要があります。ここ五年の間に保留地とその近隣郡の住環境は劇的に変わってしまって、過去半年でさらに大きく変化しました。インディアンのギャングと共謀して、この辺りにメキシコ人のカルテルが暗躍しているという証拠を我々はつかんでいて、それは決して侮れないものです」

「私は可能な限りは夜間の移動は避けるようにしています」

「ということは、ここでパパに食事を作った後は、町に戻ってモーテルに泊まっていたんですか？」

「週末をここで過ごしていました。予備の寝室があったので。でも今はあなたの寝室なのでしょうね」

「今でもあなたが使っていいですよ」ジミーが答えました。「予備のシーツもありますし、ソファーで寝るのは心地良いので、僕はそっちのほうが好きなんです」

それから私は鳥肉をオーブンに入れ、サラダを作り、ジミーとパーシーの食卓に加わらせてもらいました。それから私はバッグからテープレコーダーとノートブックを取り出しました。

「ジミー、あなたは私に聞かせたい話があるって言ってましたよね。準備はいいかしら？」

ジミーはテーブルを押しながら椅子を後ろ側に引き、椅子の背を壁に傾けさせながら話を始めました。

「それは、あなたが今日通ってきた道で起こったんです。川に沿って柳の木が立ち並んでいる辺りです。そこに乗り捨てられた古いT型フォード車があったんです。保留地の敷地内に入って八キロほどのところです」

「その場所は私も知っているわ。あの車はもうずっとあそこに放置してあるから」

「今から三ヵ月ほど前のことでした。僕が本部を出たのは遅い時間で、その晩はメタドン(麻酔薬)の研究所の解体に大部分の時間を費やしていました。保安官の事務所を出たのは午前一時五七分です。翌日は非番だったので、パパが家畜に焼き印を押す作業を手伝おうと思って、牧場へ車を走らせていました。普段は深夜もしくは徹夜の勤務の際は町にとどまっているんですが、その日は木曜日で、保安官から金曜日は休みを取るように言われたので、ここまで足を延ばすことにしたんです」

「それから何が起きたんですか?」

「道の真ん中にいる宇宙船を目撃したんです。あなたはここまで来る道すがら、起伏のある丘を幾つか越えて、河谷の反対側にたどりついた辺りを覚えていますか?」

私はうなずきました。

「あそこで僕は見たんです。それは道幅いっぱいにまたがっていました。その時僕がもう少しスピードを出していたら、手前で車を停めることができなかったでしょう」

「あなたは最初にどう思ったんですか?」私は尋ねました。

「初めのうちは、何が起こっているのか分かりませんでした。ただ何かとてつもなく大きなものが道を塞いでいるのだけは分かりました。最初に思ったのは、自分の小型トラックから降りてその物体のほうへ歩み寄って、状況を把握することでした。次に思いついたのは、土取場の横を車で抜けて迂回することでしたが、それは考え直しました。車を横転させてしまう恐れがあったからです。高さが三メートル近くある急斜面でしたので、見通しの良い昼間でも巧みなハンドルさばきが求められるものでした。しかし僕が小型トラックから降りようとした矢先に、車のライトが落ちて、エンジンが断続音を出しながら止まってしまいました。エンジンをかけ直そうとしましたが、まったく動きませんでした。僕はしばらく運転席に座ったまま、前方の物体をじっと見ていました。船体底部から放たれている青い光が周囲を照らしていました。認めたくはありませんが、僕は怯えていました。でもこのことは誰にも言わないでくださいね。僕は勇ましいイメージを保たなきゃいけないので」

私が彼の顔を見ると、彼はウインクをして、はにかんだような笑みを浮かべました。

「ご心配なく。あなたの秘密は私の中にしまっておきます」

彼は腰をあげて自分のカップにコーヒーを注ぎ足し、私にもお代わりを促してくれました。

「僕は何も恐れたりはしないことを誇りにしているんです。タリバンですらもこのインディアンを脅すことはできません」彼はそう言って、自身の過去の体験を話しました。

「僕はアフガニスタンで二四カ月過ごしましたが、怖いと感じたことは一度もありませんでした。警戒はしていましたが、決して恐れてはいませんでした。しかしこの物体、この宇宙船は私に恐怖を覚えさせました」

「宇宙船の周囲を迂回することを考え直した後、何があったのか話してもらえますか?」

「車のエンジンを再起動させることができなかった時、僕はラックからライフル銃を取り出して、静かにドアの隙間から外へ出て、車の後方を忍び足で回りながら、土取場へ頭から飛び込んで、頭部を守るために体を空中でよじりながら着地しました。身を潜めた場所からは何の音も聞こえませんでした。様子をうかがうために、僕は土手をよじ登っていき、丈の短い草むらにかがみこみました」

「宇宙船はどんな感じのものだったか説明してくれますか?」

「それは高さが約一二メートル、幅は道幅と同じで約九メートル、全長は約一八メートルでした。形状はフットボールの球とほぼ同じような楕円形をしていました。非常に奇妙な形です。蛍光灯のような青い光が船底を照らしていました。暗闇の中で異様な輝きを見せていて、さながらSF映画のワンシーンのようでした。周囲は水を打ったような静寂に包まれていて、それはとても奇妙なことだと僕には思えました。なぜなら夏の間は、この一帯はコオロギの鳴き声や、蚊が飛び回る音など、常に何かの音が聞こえていたからです。しかしこの時は、まるで世界中の音が止まってしまったかのようでした」

「何かの姿は見ましたか?」

「最初は何も。僕は息をひそめてずっと待ち続けていて、それは一時間もの長さのように感じられましたが、実際にはせいぜい一〇分程度だったんでしょう。僕は意を決して、近くまで歩み寄って、もっとよく見てみることにしました。そう思って動きだそうとした瞬間、ヒューッという音が聞こえてきて、三体の生き物が視界に入ってきました。足音は全くしませんでした。ただ、ヒューッという音だけで、それはまるで彼らと金属製の乗り物の間に吹き抜ける風の音のようでした。その見知らぬ生き物たちもまた、風のようにどこからともなく現れたんです」

「彼らはどんな姿をしていたんですか?」

「はっきりと確認することはできなかったんですが、神に誓って言えることは、彼らは大きな、背の高い昆虫のような姿をしていたということです。半分は人間で半分は昆虫といった感じかもしれません。ひと目見た途端に、自分には勝ち目がないと分かりました。彼らは巨大でした。身の丈は二一〇センチほどあったでしょう。人間の姿に似てはいましたが、大きな頭部がそのまま肩の上に乗っているように見えました。首はないようで、そのために動きはぎこちなくて、違う方向を見ようとする時は、体全体の向きを変えていました。両脚も巨大なものでした。衣服は確認できませんでした。断言できますが、何も身に着けていなかったと思います。僕はライフルに弾を込めて、土取場の中に後ずさりしました。そしてもし彼らが追ってきたら、自分は異星人を撃った最初の人間になるのだろうと考えていました。そのとき奇妙な音が――ブーとかシューという音が――耳に響いてきました。彼らが会話をしていたのだろうと僕は思います」

「その音が言語のように聞こえたんですか?」

「ただの音でした。音節もありません。彼らの姿を目にした時、最初にしようと思ったことは、逃げることでした。自分の背後を確認すると、すぐそばに有刺鉄線を張った柵がありました。それを乗り越えて逃げようとすれば、自分の姿を相手にさらすことになってしまいます。牧草地には四〇頭近い蓄牛の姿が見え、その大部分は水槽タンクの周りで群れていました」

「そのとき相手に自分の存在を気づかれていたと思いますか?」

「僕の車は目に入っていたに違いありません。宇宙船からわずか六メートルの場所に停めましたから」

「彼らはあなたを探していましたか?」

「最初は僕のことを探していると思っていたんですが、それから牛たちの鳴き声を聞いたんです。彼らは怯えていました。捕食動物が群れの中に入ってきた時は、牛の鳴き声で僕にはすぐに分かります。独特の鳴き声をあげて走り回って、敵から逃れようとするんです」

「彼らは牛たちを追っていたんですか？」

「空には満月が輝いていて、牧草地をとても明るく照らしていました。そのとき三体の彼らの姿を僕は目にしたんです。彼らは牧草地に立っていました。それは奇妙な光景でした。彼らは牛の群れの中から一頭を選び出しました。その牛は恐ろしさのあまり身動きができなくなっていましたが、たぶん彼らに何かをされたんでしょう。そして驚いたことに、彼らは体重が二七〇キロ以上もある子牛を、まるで動物のぬいぐるみを扱うように、軽々と転がしたんです。彼らはその牛の上を二、三分のあいだ浮遊し、それから着地して消えていきました。そして一分も経たない内に、彼らは宇宙船の前に戻っていたんです。すると宇宙船が上昇し始めて、数秒のうちに視界から消えました。彼らは去っていったんです」

「その後、あなたはどうしたんですか？」

「宇宙船が離陸するのを見た瞬間、自分は助かったと思いました。そして急いで車に戻って懐中電灯を手に取り、牧草地に向かいました。そこで僕の見たものは子牛の死骸でした。両目がくり抜かれ、内臓の大部分が切除されていました。舌もなくなっていて、二つの前胃も消えていました。そして異臭が漂っていました。それは僕が子牛に近づいた時に鼻を刺したものでした。僕は血液の臭いあるいは死臭がすることを予期していました。あなたも知っているように、動物の死骸の臭いです」

私はうなずきました。

「でもそこにあったのは化学薬品の臭いでした。それは鼻を焦がすような刺激臭で、僕は炎を吸い込んでしまったかと思うほどに激しく咳き込みました。きっと子牛をコントロールするために使用されたものに違いありません。おそらく従順にさせる作用を持つ薬品だったんでしょう。とにかく物凄い臭いでした。僕は上着で鼻を覆いながら、ざっと牛の状態をチェックしたんです。その後、パパのところへ行かなきゃという不思議な衝動にかられました。車のほうへ走って戻り、ドアに手を掛けた時、耳慣れた音が聞こえてきました」

「どういう意味ですか？」

「ヘリコプターの音を聞いたんです。最初は信じられませんでしたが、満月の夜だったので、こちらの方へ向かってくる二機のヘリコプターの輪郭が見て取れました」

「そしてあなたはどうしたんですか？」

「トラックに飛び乗りました。エンジンは即座にかかりました。そして手早く車のライトを消して、月明かりを頼りに、ハイウェイを走行していきました」

「どうしてですか？」

「自分の姿を見られたくなかったんです。関わり合いになるのは御免だからです。ヘリは軍部のものだったと思います。車のバックミラーに、彼らがサーチライトで地面を照らしているのが見えました。きっとUFOを探していたんだと思います」

「あなたは自分が見たものについて誰かに話しましたか？」

「パパに話しました。僕が家に着いた時、彼はテレビを観ていました」

「午前三時に？」私は尋ねました。するとパーシーが肩をすくめて見せて、笑いながら言いました。

「ときどき私は深夜に目を覚まして、それから眠れなくなってしまう時があるんですよ」

「僕が家に着いた時」ジミーが話を続けました。「テレビが映らなくなっていたんだとパパが文句を言っていたんです。ディッシュ・ネットワークという衛星放送に加入しているんですけど、画面が急にピンク色になって、それから一時間半ものあいだ何も映らない状態が続いて、そのせいで彼は番組を見過ごしてしまったんです」

ジミーが立ち上がって、コーヒーのポットを再び準備し始めました。

「僕が自分の見てきたものを報告すると、彼はその宇宙船がテレビの受信装置に何らかの影響を与えたのだろうと考えました」

「その通りなんです」パーシーが言いました。「テレビ画面が映らなくなってしまった時、私はアンテナをチェックするために外に出て行きました。その時、UFOが夜空を疾走していくのをこの目で見たんです。それはジミーがここへ来る途中で見たものと同じものに違いありません。私は二機のヘリコプターも見ました。それらは家の上空を飛んで行きました。もしあれらが軍部のものだったなら、彼らは状況を把握していたのでしょう」

「パパからヘリコプターを見たと聞いてから、僕たちは家中の明かりを消しました。そしてしばらくそのままじっとしていると、案の定、ヘリコプターがまた家の上空を飛んでいく音が聞こえました」

「もういちど音が聞こえてくるまで、どのくらい時間が経っていたんですか？」

「一時間ほどです」ジミーがパーシーのほうを見ながらそう言うと、パーシーはうなずいて同意を示しました。

「あの子牛に起こったことについて、その後なにか分かったことがありましたか？」私は尋ねました。

「いいえ。余計なことにはいっさい首を突っ込まないのが最善の策だと僕は思いました。結局のところ僕はインディアンです。もし僕が牛を切り刻むエイリアンについての話をあちこちに触れ回っていたら、おそらく僕は酒に酔っていたと思われてしまうでしょう。僕がお酒を飲まない人間であろうと関係はありません。この地域の人たちは、インディアンはみんな酔っ払いだと思っているんです」

その後、ジミーとパーシーと私で夕食を共にしている時、パーシーは私に向かって、テレビの件は異星人と直接的な関係があるに違いないと言いました。

「あれから一カ月の間、どういう理由があるにせよ、私のテレビは何度も画面が映らなくなりました。私がサービスの提供を受けられなかったことについて、ディッシュの担当者に問い合わせても、原因が分からないと言われてしまいました。彼らに分かるはずもなかったんです。いつも電話口に出ていたのは、フィリピンにいる人間だったんです。私は家の裏口ドアの前に立って、素早くジグザグ飛行する宇宙船を見たんです。フィリピンにいる彼らには見えませんでしたからね。電話口にアメリカ人が出たことは一度もありませんでした。一カ月ほどしたらテレビは元の状態に戻って、それ以降は何も問題は起きていません。だからあれは異星人のせいだったんです」

「ジミー、あなたはその二つの出来事は関係していると思いますか?」私は尋ねました。

「宇宙船が僕のトラックのライトとエンジンに干渉したことは分かっています。彼らに接近した際に、トラックは説明のつかない原因でエンストを起こしてしまいました。彼らが去った後には、速やかにエンジンが回り始めて、ライトもつきました。だから、はい、関連があると僕は思っています」

パーシーとジミーは今でも週末は牧場の家で一緒に過ごしています。二、三週間ほど前、彼らが蓄牛を市場に出す準備をしていた頃、私は彼らのもとで数日間を共にしました。ジミーは今でも副保安官の仕事を続けていますが、ここ最近の牛肉価格の高騰を考えれば、フルタイムの牧場主になるのも悪くないと話しています。彼はあれ以来ＵＦＯを一度も目撃していませんが、これからも注意を払っておくと私に約束してくれました。パーシーはどうかといえば、テレビの画面が途切れるたびに屋外に出ています。彼は異星人が彼の牛に良からぬことをしないかと心配していて、今後は常に警戒しておこうと考えています。そして万一の事態に備えて、弾を込めたライフル銃を保持し、スプリングフィールド弾をドアのそばに置いています。

第十三章　ヘブゲン湖のＵＦＯ

モンタナ州の年長者の中には今でも、一九四九年八月の朝にヘブゲン湖上空を編隊を成して飛行したＵＦＯについて語る人たちがいます。ＵＦＯの内の二機は湖の中もしくはその近くに墜落したとの報告もあります。湖畔のボートで釣りをしていた男性が、円盤型の飛行物体が湖に墜落して、一五〇メートルもの水しぶきをあげたのを目撃したというのです。軍部の人間たちが調査にやってきたともいいます。伝えられたところでは、もう一機が林の中に墜落して、その他のものは空に消えていったと釣り人が話したそうです。他にも複数の目撃者がいるものの、自分たちの小さな村に野次馬が押し寄せることを恐れて、当局に報告することを拒んでいるといいます。地元民の話では、周囲の林にＵＦＯの残骸は何も見つかっていないそうですが、何かが湖から回収されて、ＦＢＩによって隠ぺいされたといいます。それから一〇年後の一九五九年、モンタナ州のこの一帯にマグニチュード七・三の地震が発生し、二八人の死者と一一〇〇万ドルの被害損失を出しました。年長者の中には、それは宇宙からの訪問者たちが村の様相を変えるために起こしたものではないかと恐れる人たちもいました。今日、ヘブゲン湖は州の観光名所の一つとなっていますが、それはＵＦＯではなく地震で注目されたことによるものです。

この章では、ある若い男性がヘブゲン湖で夜釣りをしていた際に遭遇した出来事を語ってくれます。

二〇一三年六月、私はイエローストーン国立公園での広範囲に渡るキャンプの旅に出ることにしました。立ち寄る地点として、ヘブゲン湖、公園内のさまざまなキャンプ場、そして最終目的地であるワイオミング州のジャクソンと、ジャクソンホール作家会議への出席を旅程に含めていました。ヘブゲン湖はモンタナ州の南西部に位置し、西イエローストーン及びイエローストーン国立公園の入口から車で約二〇分の距離にあります。湖のサイズは全長二四キロ、幅六・四キロです。そこはモンタナ州で最も古い静水湖として知られています。

私が湖の畔にあるロンサムハースト・キャンプ場に到着したのは、午後遅くの時間でした。その日は絶好のキャンプ日和でした。そして早めに着いたおかげで、電源接続機器と焚火場とピクニックテーブルを備えた数少ないキャンプ用地を借りることもできました。せっせとキャンプの設置をしている時、その日キャンプ場に来ているのが、私自身と、反対側の端のほうに小さなオレンジ色のテントを張っている人だけであることに気づきました。ところが、二時間もする内に、キャンプ場は大賑わいになってきて、全ての敷地にテントが張り巡らされました。日が落ちてくると、あちこちから話し声や笑い声が聞こえてきて、焚火とハンバーガーの匂いが漂ってきました。私が湖の岸辺に近寄っていくと、私の向かい側の敷地にいたグループの人が私に声を掛けて、仲間に加わらないかと誘ってきました。彼らは怪談話をしながらスモア（焼きマシュマロとチョコレートをクラッカーで挟んだデザート）を作っていました。

「いつも一人分の席は余分にあるんですよ。あなたはお一人のようですから」バミューダパンツにタンクトップ姿の中年男性が話しかけてきました。私はためらっていましたが、彼の仲間からも誘われたので、好意に甘えることにしました。その輪に加わると、一人一人が順番に立ち上がって自己紹介を始めました。それから各自が順番に話を始め、自分が以前に働いていたサウスダコタ州のデッドウッドの町に赤いビスチェ姿の娼婦がいたというだけの話や、アイオワ州のデモインで、流れるような白いガウンに身を包んだ女が墓石の上に座って、通行人を相手に客引きをしていた話を聞かされました。また、ノースダコタ州ファーゴの淋しい小道を一人で歩いている幼い少年の話もあり、その子はある猛吹雪の日に車が立ち往生して、助けを求めにいった両親を待っている間に凍死してしまい、幽霊となって夜な夜な田舎道をさまよいながら親を探しているそうです。その他、メーン州で森林を伐採していた二人の木こりが、そこを生息地にしていたビッグフットに襲われた話や、クロー族インディアンの保留地に住んでいた小人の話などもありました。そして私の順番になり、私はある少女が夜間に屋外トイレに向かう途中で異星人の宇宙船に遭遇し、彼女のことを『私の孫娘』と呼ぶ年輩女性によって船内に招かれたという話をしました。話し終えると、しばらく一同は沈黙し、隣にいた女性が自分にはＵＦＯにまつわる体験があると私に告げました。

私は見知らぬ人たちが輪になって各々の超常的な体験を披露するのに耳を傾けながら、ここにいる人たちがアメリカの中産階級であることを再認識せずにはいられませんでした。彼らはこの国の中核を成す労働者階級の人たちで、超常的な出来事を体験し、それらをどう説明していいのかほとんど分からないながらも、それぞれの体験を自らすすんで他者と分かち合い、恐れや疑問や驚異の念を抱いていることを率直に口にしているのでした。白い肌、赤い肌、黒い肌そして茶色い肌のアメリカ人が集まってキャンプファイヤーを囲み、人種や肌の色の違いにこだわらず、お互いの体験に耳を傾け合っているのは、そこにひとつの共通要素があるからでした――未知なるものへの関心です。

グループ全員の話を聞き終えた私は、その場から立ち上がって、皆におやすみの挨拶をし、当初の予定であった湖畔への散歩を再開しました。そのとき急に、背後から私についてくる足音を耳にしました。注意深く自分の肩越しに後方を見ると、背の高い人影が足早に私のほ

う へ向かってきていました。近くまで来た時、それは先ほどのグループ内で、三人の十代の女の子が目を付けて、アピールしていた青年であることが分かりました。彼は彼女たちのアプローチに丁寧な物腰で応対しながらも、失礼のない感じで距離を保っていました。遠慮のない女の子をそつなく扱う物腰は今どきの若者には見られない特徴だったので、私はひそかに感心していたのです。

「僕です、ケヴィンです」突然の侵入者の彼は言いました。「クロー族インディアンの保留地の小人の話をした者です」

「ええ、わかっているわ。いきなりだったのでちょっと驚いただけよ」

「すみません。ちょっと個人的にお話がしたかったので。キャンプ場にいた女性の一人があなたのことを知っていたんです――ＵＦＯとの遭遇体験についての本を書いている人だって。あなたは作家さんなんですか？」

「ええ」私は答えました。

「それでＵＦＯについて書いているんですか？」

「ええ、それも事実です」

「いやぁ、すごいなぁ。作家の人に会うなんて生まれて初めてです。感動しちゃいました」

そう告白したことが恥ずかしかったようで、彼は一瞬だけ口をつぐみました。「まったく、十代の女の子みたいなことを言ってしまいました。変な人だと思われたでしょうけど、本当は違うんです」

私は湖に向かう足取りを緩めて、目の前にゆっくり近づいてくる彼を見ていました。

「ある晩に僕は遭遇したんです」彼が出し抜けに言いました。「まさにこの湖でです。詳しいことは誰にも話してこなかったんですけど、あなたはUFOの本を書いていて、インディアンでもあるので、あなたなら分かってくれると思うんです。UFOを見たことを友人に話したら、みんなから笑われました。まじめに話を聞いてほしかったんですけど、酔っ払っていたんじゃないかと逆に聞かれました。でも僕がお酒を飲まないことは誰もが知っていることなんです」

「本当に？」

「本当です。一滴も飲まないんです。神に誓って言えます。アルコール中毒者とドラッグ密売人が二人もいる家庭に育てば、アルコールとドラッグは身を滅ぼすということを肝に銘じるものです。恐らくあなたはお酒を飲まない大学生などこれまで見たこともないでしょうけれど、いま目の前にいます。神を自身の証人として、僕はこれまで一度もお酒を口にせずに生きてきて、これからも口にしません」

そう言って彼は手で十字を切りました。

「私はあなたを信じますよ。そしてその堅い信念を称賛します」

「幼い頃から自分一人で生きていく道を選んだ者は、人とは違う人生を歩むものです。それが僕の生きてきた道でした。僕は自分なりの生き方を見つけました。たとえそれが多くの人が選ぶ道ではなくても、自分にとっては最善のものなんです」

私はロバート・フロストの詩を自分なりの言い回しで述べたこの若者を見ながら、自分が彼にさらなる関心を持っているのを感じていました。

「ＵＦＯを見た時には、一人で湖にいたの？」私は尋ねました。

「ええ、自分一人だけでした。一人で夜釣りをするのが好きなんです。それは魚釣りをしながら、創造主とつながることができる時間なんです。僕は秋から冬にかけて大学に通っていて、夏の間は湖で過ごしているんです」

「あなたはボーズマンに住んでいるの？」

「そうとも言えます。僕はほぼ車中泊をしながら暮らしているんです。そうしないと学費を捻出できないので。夏の間は森林サービス局で臨時の仕事をしたり、あちこちで観光客を相手に釣りのガイドをしたりして、稼いだ給料とチップと、それから連邦ペル給付奨学金で授業料を支払っているんです。夏の間はボーズマンのいろんな場所の飲食店やその他もろもろの仕事をしています」

「あなたはどこの部族出身なの?」私は尋ねました。

「母方はブラックフィート族で、父方はチッペア族とクリー族です」

「ご両親はブラウニングに住んでいるの?」

「いいえ、僕はグレートフォールズで育ちました。両親はいま刑務所にいます。入所して以来、彼らと話してはいません。僕の親友の母親が僕を引き取って、高校を卒業するまで援助してくれたんです。保留地に親族はいますけど、訪ねるつもりはありません。ここでの暮らしが気に入っているんです。あらゆるゴタゴタから距離を置いていられますし」

「いろいろあって大変だったのね。でもあなたは教育を受けたいっていう気持ちがあったわけね。部族の人たちは、あなたが保留地に戻って、部族のために働くことを歓迎してくれるんじゃないかしら?」

「僕は両親のようにはなりたくないんです。保留地には将来への希望がないんです。僕は年をとってしまってから、これをやっておくべきだった、あれもできたはずだとかって嘆くような自分になりたくはないんです。僕は村に属していたくはありません。もっと人生の可能性を試したいんです」そう言って彼は足元の小石を湖に放り投げ、それが水面を跳ねていく音を私は聞いていました。

「自分が麻薬密売人の夫婦の息子だって言われ続けるような保留地では僕は生きていけま

せん。そんな人生を送るのはまっぴら御免です」

「わかったわ。ところで、あなたは私に話したいことがあって追いかけてきたんだったわよね。あなたのＵＦＯ遭遇体験を喜んで聞かせてもらいたいのだけれど、私はいつも体験者の話をテープに録音しているの。いまテープレコーダーは私のＲＶ車の中にあるの。キャンプ場に戻ってからでいいかしら？」

「おまかせします」彼はそう言い、私たちは向きを変えて私のテントのほうへと歩いていきました。


車の前まで来て、私がテープレコーダーとホットチョコレートを用意する間、ケヴィンにはピクニックテーブルに着いて待っていてもらうようにしました。そしてテーブルの端にコールマン製のランタンを置き、二人の間にテープレコーダーをセットしてから、彼にホットチョコレートとハムサンドとフルーツを提供すると、彼は丁重に感謝の意を表しました。

「さっきのシモア以外は、朝食以降、何も食べてなかったんです」彼は正直にそう言いました。

テーブル越しに自分の正面に座っているこの若者を私は見ていました。彼は背が高く、一八三センチをゆうに超えていました。フットボールの選手のようながっしりとした肩を持ちながらも、その声や独特の振る舞いは詩人のようで、紳士であり教養人でもありました。よく微笑みを浮かべ、そのたびごとに、左の頬にえくぼが現れました。襟もとで反り返っている黒髪は、長いあいだ散髪をしていないことを物語っていましたが、寝癖がついたような髪は、彼の純真な印象を増している感じがしました。

「準備はいいかしら?」私は彼がカットオレンジを平らげるのを確認してから尋ねました。

「準備万端、バッチリです」彼が答えました。「ごちそうさまでした。美味しかったです」

「どういたしまして」

「こういうところがインディアンの良いところなんです。いつも食べさせてくれるんです。あなたは僕の伯母さんみたいです。彼女のところへ行くと、いつも食べさせてもらえたんです」

少し緊張したようにジーンズの上から両手で足をさすっている様子を見ながら、私は録音ボタンを押しました。

「あなたが良ければ、いつでも始めてね」私は言いました。

「どこから話せばいいのか分からないので、事の発端からお話しします。昨年の今頃のことでした。僕はいろいろなフィッシングツアー客の案内役の仕事を何日も続けていて、自分が釣りをする時間はほとんどありませんでした。すると旅行会社のオーナーが僕に三日間の休暇を与えてくれて、さらに、その年の夏には自分のガレージにしまってある小さなボートの一つを使わないからといって僕に貸してくれたんです。僕は心を躍らせて、湖の上で夜を過ごそうと思いました。そしてピーナッツバターのサンドウィッチ二つと、コーヒーを入れた大きな保温水筒をリュックに詰め、竿やリールなどの釣り道具一式を用意して、楽しい冒険に繰り出しました」

「ボートを出したのはこのキャンプ場から？」

「ええ、午後九時ごろにボートを出しました。日が沈むちょっと前です。湖の真ん中あたりまでボートを進めてから、エンジンを切って、釣り糸を垂らしました。真夜中に差し掛かった頃、遠くの空に一つの光が見えました。昼間に南の方から数機のヘリコプターが小さな山火事の消火用の水を湖から汲みにきていたので、僕はまたヘリが水を取りにやってきたんだと思いました。なので僕はほとんど気に留めずにいて、しかもその時に釣り糸に引きがあったんです。その晩で最初のものでした」

「つまりあなたは光を目撃しても、ほとんど注意を払っていなかったということね？」

「その通りです。僕は釣りに集中していました」

「それがヘリコプターではないと気づいたのはいつ？」私は尋ねました。

「頭上を見上げてそれを見た時です。たぶん六〇メートルから九〇メートルくらいの高度だったと思いますが、湖の上空でホバリングしていたんです。幾つものライトが青色から白色へと脈動していましたが、まったく無音で、風も起きてなくて、そのサイズの飛行機なら当然あるべき音や風も立てていなかったんです。湖面には波も波紋も生じていませんでした。それはただ空中で静止していたんです」

「宇宙船の輪郭は確認できた？」

「最初は分かりませんでした。音も風もなく脈動する光を目の当たりにした僕は、正直に言って、ボートの中でへたりこんでしまっていて、釣り竿を脇に置いて、茫然と見つめていました。いま自分の目にしているものが信じられなかったんです」

「どのくらいのあいだ見ていたの？」

「二、三分間、長くても五分弱です。脈打ちながら色を変えていき、明るさを強めたり弱めたりしている光に僕は唖然としていました。やがてそれは上下に動きながら湖面の端から端までを移動して回り、まるで何かを探しているかのようでした。こちらに近づいてきた時、僕はボートの中で身を横たえて、体の一部を隠しました。身体を全部隠さなかったのは、真上にやってきた際に間近でよく見ようと思ったからです」

「それで、あなたがボートの中で横たわっている時に、なにか重大なことが起こったの？」

「あるところまで移動してきたら、宇宙船は木立の上空に飛んで行って、そのまま消えてしまいました。もう戻ってこないだろうと思ったので、起き上がってまた釣りを再開させました。ところが、数分もしない内にまたそれは戻ってきたんです。木立の間や岸辺にサーチライトを当てながら、何かを探していました。サーチライトは木立の間や岸辺沿いを行ったり来たりしていました」

「なぜ彼らが何かを探しているとあなたは思ったの？」

「分かりません。これまで夜間にサーチライトを照らしながら飛ぶヘリコプターを目にしてきました。とても丹念に調べていて、犠牲者が倒れている恐れのあるあらゆる場所を照射していました。そのことを思い出していたんですが、ただ今回のものは音も風も立てていませんでした。だからヘリではありません」

「再び戻ってきた時に、はっきりと見ることはできた？」

「再び戻ってきた時、僕はまたボートの中で身を横たえました。そして優位なポジションから相手の動きを目で追っていました。もしこちらの方へ飛んできても、姿を見られることはないだろうと考えていました。率直なところ、僕は安全策を取っていたんです。異星人による誘拐事件の話を耳にしていましたので、その被害者のリストに自分の名前を連ねたくはなかったからです」そう言いながら彼はそわそわとした様子でまたジーンズの上から両手で足をさすっていました。

「つまり、その時点でもうあなたは自分が見ているのはＵＦＯだと確信していたということよね？」

「疑う余地はありませんでした。間違いなくそうでした。木立や岸辺に沿って飛行する技術は巧みなものでした。我々の世界には、少なくとも僕の意見としては、あんな曲芸のような飛び方ができる乗り物は存在しません」

「宇宙船の形状がはっきりと確認できた時があった？」

「細長くて、カヌーのような形をしていました」

「カヌーのようなっていうのは、どういう感じ？」

「カヌーは逆向きにして見ると、船底が湾曲しているのが分かると思いますけど、宇宙船の形状にも似たような湾曲がありました。細長い船体ではありましたが、片方の端のほうが横幅も縦幅も広くなっていました」

「宇宙船の形状について他にも覚えていることはある？」

「船底に沿って青いライトが並んでいて、色が青から白へと変化していました。頭上に来た時、船体の前面と後部に三つの赤いライトが見えました。それらは脈動せずに常灯していました。船体は後ろ側にいくにつれて大きくなっていました――縦横ともに幅広くなっていたという意味です。そのサイズの大きさに僕は度肝を抜かれました。少なくとも全長三〇メートルはありました。高さについては分かりませんが、横幅について言えば、船体が落とす影は岸辺と岸辺の間を覆うほどの大きさでした。あんな巨大な物体をどうやったら宙に浮いたままにできるのか、僕は不思議に思いました。船体には翼は一つもなく、音もまったく発していませんでした。我々のものではないことは確かです」

「あなたの頭上に来た時、まだ何かを探しているところだったの？」

「いいえ。あの時点ではたぶん彼らはもうあきらめていたんじゃないかと思います。彼らは北の方向へ移動していって、僕は宇宙船が夜空に消えるまで見つめていました。僕はその翌日と翌々日の夜に同じ場所に来て待っていましたが、あの晩以来は一度も見ていません」

「他に宇宙船を目撃した人はいるの？」私は尋ねました。

「僕はそのあと数時間ほど湖の上にいましたが、魚は一匹もかかりませんでした。それはこの湖ではとても奇妙なことです。ボートを岸辺につけると、一組の男女が僕に駆け寄ってきて、ＵＦＯを見たかと聞いてきました。自分の頭上に見たと僕が答えると、彼らは僕の体に触って、シャワーを浴びたほうがいいと言いました。僕が放射線を浴びたのではないかと心配してくれていました。彼らはＵＦＯが岸に沿ってサーチライトを照らしているのを湖畔から目撃していたんです。彼らは『ＵＦＯだ！』と叫びながらキャンプ場に入っていったものの、起きてくる人も外に出てくる人も誰もいなかったそうです。とうとう彼らはあきらめて、ＵＦＯが最後にもういちど岸辺をサーチしてから夜空の彼方に消え去っていくのを見守っていたといいます。僕の知る限りでは、他の目撃者は彼らだけです」

「彼らの名前は聞いていますか？」

「いいえ。そういうことはまったく考えもしませんでした。彼らは自分たちはジョージア州から来ていて、退職したばかりの身で、一生に一度の夢の旅行として、アメリカ横断の旅をしているところだと言っていました。別れ際にも僕にシャワーを浴びることを勧めていましたが、それ以降は一度も会っていません」

「自分の見たものについて、あなた自身はどんな印象を持っているの？」

「遭遇体験について、僕は何度も思いを巡らせてきました。そのことを考えない日は一日たりともありません。一方では、目撃したことを嬉しく思っている自分がいます。我々は孤独な存在ではなく、広大な宇宙には我々以外にも知的生命体がいることを知ったからです。他方では、当惑している自分がいます。なぜ彼らはここに来ているのか？　彼らは何を求めているのか？　我々の政府は彼らのことを知っているのか？　もしそうなら、なぜ真実を自国の大衆に知らせないのか？　それは彼らが敵対的な存在で、地球を乗っ取ろうとしているからなのか？　それともそれは彼らの偉大な知識に触れることができる地球上で唯一の国となりたいからなのか？」

「そしてあなた自身はそれについてどう感じているの？」

「ある意味では、まったく無力に感じ、別の意味では、力を得たように感じています。少なくとも、僕は今や真実を知る者となったのです」

「あなたはＵＦＯとの遭遇が自分の人生に影響をもたらしたと思う？」

「はい。僕を違う人間に変えました。この惑星以外にも生命が存在することを知って、いつの日か我々人類もその知性を活かして星間旅行ができるようになるという希望を抱けるようになりました。それが実現するのをこの目で見てみたいと願っています。だから未来にもっと希望が持てるようになったんです。それまでは全ての希望を失ってしまっていましたが、いまはそれを取り戻せたんです」

「ところで、あなたはそれからシャワーを浴びたの？」

「浴びました。もちろん、念のためにですけど」

「宇宙船に関係するような肌の問題とかは何かあった？」

「いいえ、何も。きっと氷のように冷たいモンタナの水のおかげで助かったんでしょう」

彼はそう言って笑いました。

その翌朝、私はイエローストーンに向けて出発しましたが、その前にケヴィンに私の電話番号を伝えておきました。それから一年の間、私は彼をたびたび臨時の仕事に雇いました。さる五月、彼は工学の分野で学位を取得して大学を卒業しました。彼はノースダコタ州のバッケン油田の請負業者にすぐさま雇用されました。彼は新しい仕事を気に入っていて、時おり近況を伝えてくれています。ＵＦＯに関しては、彼はノースダコタの上空に奇妙なものを数多く見てきてはいるそうですが、詳細は私と個人的に会った時でないと話せないそうです。私は彼に休日を私の家族と一緒に過ごさないかと申し出て、彼はそれを快諾してくれました。

第十四章　デスバレー（死の谷）の観察者

一九三三年、デスバレーは合衆国のナショナル・モニュメントに指定され、そのエリアは連邦政府の保護の対象となりました。その一五年後、探鉱者二人がデスバレーでＵＦＯの墜落を目撃したと報告しました。墜落時には時速四八〇キロの速度を出していたと彼らは推定しています。彼らによると、砂丘に激突した円盤型の乗り物から二体の小さな生物が飛び出してきて、砂漠のほうへ走り去っていったといいます。探鉱者たちはその生き物を追いかけたものの、相手の逃げ足がとても速く、当日の非常に高かった気温のせいもあり、時間をかけて追い続けることができなかったそうです。追跡をあきらめた二人が墜落現場に戻ると、墜落した円盤型の飛行物体は跡形もなくそこから消えていたといいます。この体験報告は一九四九年八月三一日付のベイカーフィールド新聞に掲載され、また『グロリアの知識の書』という百科事典においても、信用に値するＵＦＯ事件として紹介されています。けれどもデスバレーでは、一度も新聞の見出しを飾ることがなかった他の遭遇事件も幾つか発生しています。

この章では、砂漠の空を見張りながらＵＦＯ現象の全てを記録してきている男性をご紹介します。

八月のある日、私はラスベガスにあるスタートレック・コンベンションの会場へと旅立ちました。私はスタートレックのファンではあっても、コンベンションへの参加を自分の予定に入れたことは一度もありませんでした。けれども、運命は独特な方法で人生に介入してくるもので、私の『スターピープルとの遭遇』の本が出てから間もなく、私と会って自分の体験を話したいという読者からの申し出が数多く寄せられてくるようになりました。申し出の文面はいずれも、自分はインディアンではないがという断り書きから始まり、それでも誰かに話す必要性を感じているという気持ちが綴られていました。そこで私はスタートレック・コンベンションで彼らと会うことにしたのです。私はキャンプ休暇を取ることも兼ねて、ラスベガスには飛行機ではなく車で向かうことにしました。移動にはRV車を利用し、途中のナバホ保留地での元同僚たちとの再会や、数か所の国立公園への訪問を含めた旅行計画を大まかに立てました。中でもデスバレー国立公園は訪問先予定リストのトップにありました。

日が落ちる少し前に私はデスバレーに到着しました。予約していたキャンプ場には私のためのスペースが空いていました。必要な設置を全て済ませると、私は午後のTVニュースを見ながら、電子レンジで調理した夕食をとりました。シャワーを浴びた後はトレーナーに着替え、夜空がさらによく見える場所を求め、キャンプ用地を抜けて歩いていくことにしました。車から降りる前に、懐中電灯と小型テープレコーダーをさっと手に取りました。キャンプ用地を出ると、もはやまぶしい外灯は周囲にはなく、天空を眺めるためにあえて遠出をする必要もなくなりました。日中の陽射しの温もりの残る大きな岩に私が腰を落ち着けた時、暗闇の中から声がしました。

「ＵＦＯをお探しかい、お姉さん」

「どこにいるんですか？」私は声のするほうに尋ねました。

「ここですよ」男性の声が答えました。その方向を懐中電灯のライトで照らすと、そこにいたのは小柄な男性で、細い白髪を後ろに束ね、くたびれたジーンズに色あせた格子縞のシャツを着て、キャンプ用地の縁に立っていました。彼はライトのまぶしさを避けるために手をかざしました。私はライトを下げて、ポケットの中のテープレコーダーの録音ボタンを押し、二人の間に巨石があるのを確認しながら腰を上げました。

「私を怖がらなくても大丈夫ですよ、お姉さん。危害を加えたりしませんから」彼は優しくなだめるような口調で言いました。硬くなった砂漠の土の上を彼が足を引きずりながら歩く音が私の耳に聞こえました。

「私はただの年寄りのインディアンで、夜空を見守っているんです。ここはそれには最適な場所なんです」

「どこの部族ですか?」私は尋ねました。

「たくさんの部族です。混血っていうんでしょうね。オセージ族、オクラホマ・チェロキー族、チョクトー族、ゲルマン人、そしてベトナム帰還兵でもあります」

彼が近づいてきた時、私は懐中電灯のライトを消しました。彼の体から燻煙とソースの匂いが漂ってきました。

「あなたはキャンプ中なんですか?」私は尋ねました。

「毎日ね」

「よく分からないんですが」

「私はホームレスなんですよ、お姉さん。一年三六五日のキャンプ生活です。ここで一四日間を過ごして、それからここを一四日間は離れなきゃいけなくて、そしてまた戻ってくるんです。公園の規則なんです。最長で一四日間しかいられないんですよ」

「ここにいない時は、どこにいるんですか?」

「ここ以外にも公園はあるんですが、ここが一番いいんです。ほとんど外灯がないので、空の眺めは申し分ないです。夜間にはあのリトルグレイの連中を観察しているんです。知っての通り、人さらいをする卑劣なやつらです。現場を見たこともありますよ。連中は誰も見ていないと思っているだろうけど、こちとら、全部お見通しです。記録だってつけています」

彼はポケットに手を伸ばして小さなノートを取り出しました。「全部ここに書かれています。日付、被害者、男女の性別、さらわれていった時間、それに彼らの特徴もメモしてあります」

「あなたは誘拐された人たちを観察してきたっていうことですか？」

「そういうことです。ひと月に一、二回起こります」

「みんな戻ってくるんですか？」

「戻ってこなかったのは五回だけです。ずっと一人でいた人たちです。所有物全てが入ったリュックを背負って旅をしているバックパッカーや、一人旅の若い女性たちです。彼らの親御さんはきっとどこかにいるはずですが、探しに来る人は誰もいません。せめて私だけでも記憶にとどめておこうと思って、書き留めているんです」

「彼らの名前は分かっているんですか？」

「そりゃ無理ですよ、お姉さん。私はただの観察者ですから。観察者は観察するだけです。それ以上でも以下でもありません。ここにキャンプをしに来る人の大半は家族連れです。彼らは私みたいな人間のことをひどく嫌います。私を最下層の存在だとみなしているんです。彼らが私のことを話しているのが時々聞こえてきます。私を見てインディアンではないかと言っていた人たちは、たぶん私の肌の色や、お下げ髪からそう思ったんでしょう。私のことを頭のおかしな人間だという人もいますが、そうではありません」

「ひどいことを言う人たちもいるものですね」

「私は七〇に近い達者な年寄りで、ずっと昔に社会に見切りをつけました。いつも自分一人でいるか、もしくは自分のような者とだけ関わっています」

「それならなぜ私と話しているんですか？」

「それは、あなたのような人を格好の標的にして連中がまたやってくることを私は毎日心配しながら過ごしているからですよ。あなたはひとりで来ているんでしょう？」

「ええ」

「そういう時が最も危ないんですよ。私は暗がりからあなたを見ていて、怖くなったんですよ。あなたはまったく無防備だから。相手の思うがままですよ」

「そうなのかしら？」私は言いました。

「ピンとこないんですか？　やつらに連れて行かれたらどうなるか、はっきりと教えられる人があなたの周りにいますか？　それができるのは私だけです。いいですか、夜間に砂漠でうろつきまわってはいけません。たとえキャンプ用地にこんなに近い場所であってもです。やつらに捕えられたら、逃げ出す手立ては何もありません。まったくもって、やつらの術中にはまったら、逃げたいとすら思わなくなるんですよ。やつらはあなたに自分たちは友だちだと思いこませる力を持っているんです」

「ええと、心配してくれるのは有難いんですけど、私は旅行の際は、ほとんどの場合一人なんです」

「グレイの力をあなどってはダメですよ、お姉さん。やつらは危険です」

「あなたは誘拐されたことがあるんですか？　まるで体験者のように話している感じがしますけど」

「私が十代の頃、まだ一七歳だった時、友だちと一緒にパーティをしに砂漠に行ったんです。ここからさほど遠くない場所です。金曜の夜に高校を卒業して、土曜の朝に砂漠にやってきました。みんなで飲み物を飲んだり、ホットドッグを作ったりしていました。私は少し一人になりたくて、腰を上げて焚火から離れました。その後のことは察しがつくでしょう」

「その週末のパーティであなたは誘拐されたということでしょうか？」

彼はすぐには返答せず、ポケットをまさぐってタバコの箱を取り出しました。ライターの炎がタバコの先に触れ、ジュッと音を立てました。彼はこちらに煙がこないように私から離れていき、タバコを深く吸い込んで、ゆっくりと煙をくゆらせていました。

「あの週末に起きたことなんです。仲間の視界から外れた場所まで歩いてきた時、一〇メートルほど先からキャンプ場のほうを見ている小さな人影を私は目にしました。第一印象は子供のような感じでしたが、変質者だろうと私は思いました。そこで私は、あっちへ行けと大きな声で言いました。すると、そこに複数の人影が加わってきたので、友人たちの影だと——少なくともその時は——思いました。そして彼らは私に向かって笑い始めたんです。私は友だちが私にイタズラを仕掛けているんだろうと思いました」

「でもそれはあなたの友だちではなかったんですよね？」

「違いました。小さなグレイの連中が私をからかっていたんです」

「彼らが友だちではなく異星人だといつ気づいたんですか？」

「次の瞬間に、ふと気づくと私は冷たい金属の台の上に縛り付けられていて、大きな目をした三匹の化け物が私の体を検査していたんです。やつらがどんなものにでも化けられると知ったのは、その時でした。連中は、あなたや私のような姿にでも何にでも外見を変えることができるんです。やつらは私をだますために、私の友人たちの姿に擬態していたんです」

「彼らが形態を変えられることがどうして分かったんですか？」

「台の上に縛り付けられている時に、やつらが姿を変えるのを見たんです。だからあなたに言っているんですよ、お姉さん。やつらは危険です。そのとき宇宙船内では——ちなみに私の名はジム・グレイ・ドッグといいますが——私の横の台には親友のロジャー・ベナリーがいました。彼もいまは観察者になっています。彼の主な持ち場はフェニックスの郊外です。私の持ち場は冬は寒すぎるので、その期間は私もフェニックスに行ってロジャーに合流しています。春の間はときどき彼がこっちのほうへ来て、二、三カ月ほど過ごしています」

「つまり、あなたの友人も誘拐されたということなんですね？」

「その通りですが、ロジャーだけじゃなくて、全員です。我々みんなが誘拐されて検査されたんです。連中は我々の秘部に吸引チューブを差し込みました。そして誰もが血液を採取され、体に穴もあけられました。彼らは機械を使って我々の体を痛くなるまでストレッチさせました。そしてヘルメットのような奇妙な装置を私の頭にかぶせて、脳を絞り出すほどの苦痛を与えました」

彼はいったん間をおいて、その晩の出来事を追体験しているかのような嫌悪の表情を浮かべました。

そわそわと落ち着かないそぶりを見せていた彼は足をとめ、砂漠の地面に落としてしまったタバコをブーツの靴底で踏み付けていました。

「我々の全員がそれなりに観察者になりましたが、現在フルタイムで活動しているのはロジャーと私だけです。ロジャーの姉のハイディは二年前に亡くなりました。彼女には子供はおらず、一人きりでした。三回の結婚をしましたが、どの夫も、彼女が子供を持てない体だと分かると去っていきました。グレイの連中のせいで彼女の人生が狂ってしまったんです。レイチェルはアルツハイマー病を患っていて、もう私のことも分からなくなっていますが、UFOの話ばかりして看護師を苛立たせています。彼女も子宝には恵まれませんでしたが、一度だけ妊娠しました。しかしお腹の子供はいなくなってしまい、二度とその子を見つけることはできませんでした。医者はそれは想像妊娠だったのだと彼女に告げましたが、彼女は自分の赤ちゃんは異星人に連れ去られたのだと分かっていました」

「あの晩に誘拐された時は、全員で何人だったんですか?」

「五人でした。ロジャー、彼の姉のハイディ、テッドと彼のガールフレンドのレイチェル、そして私です。ベトナム戦争から帰還してまもなく、我々は年に一度の頻度で集まって、あの週末のことを語り合っていましたが、しばらく続けたあとで、中断となってしまいました」

「あなたはこれまでアブダクションについて周りの人たちに警告を発したことがありましたか?」

「最初はそうしました。でも公園にいる人たちから、私が気違いじみた話をして再び誰かを怖がらせるようなことをしたら、二度とこの公園に立ち入れないようにすると言われました。だから私は口にチャックをして、それから観察者になったんです。いつかは私の付けた記録が日の目を見る時がくるのかもしれません」

それから私たちは大きな岩の上に腰をおろして、一時間近くのあいだ、ほとんど言葉を発さずにいました。四つの瞳は未知なる闇の奥深くをじっと見つめていました。私にとってはまだ見知らぬ人であった彼は、時おり人工衛星や星や星座の名を口にして、私の視線を導きました。深夜○時に近づいた頃、私は車に戻って就寝することにしました。

「私はあなたに正直に言っておくべきことがあるの、ジム。私はあなたの話をテープに録音していたんです。私はＵＦＯとの遭遇体験を取材していて、それについての本を書いているんです。あなたが望むなら、録音テープは今ここであなたに渡します。ごめんなさい。最初に言っておくべきでした」

「いいんですよ、お姉さん。私のことを書いてください。私やロジャーの話、そしてテッドやレイチェルやハイディのことも。あの小さなグレイのやつらについての真実を世間の人は知らなければいけないんです。やつらは平和を好む宇宙の旅人なんかじゃありません。やつらは残酷なことを好む者です。やつらにいったん捕えられたら、もう二度と元の状態には戻れません」

私は翌朝もジムを見かけました。彼は私たちが前夜に座っていた岩の近くでキャンプを張っていました。

「よかったら、コーヒーと卵とベーコンがありますよ。私の作るパンケーキはけっこう美味しいんですよ。一緒にいかがですか？」私は彼を誘いました。

「私は女性にもてなされるのには不向きな人間なんですよ」彼は言いました。目の前に立つ彼の顔を見ると、ちょっと困ったような表情が浮かんでいました。背中の丸まったその姿は、まるで世の中の悩みや苦しみを一人で背負っているかのように見えました。彼は私がこれまで出会ってきた中で最もスラリとした人というわけではありませんでしたが、その人生の使命の重さは、彼を他の多くの人よりも頭一つ抜きんでているように見せていました。

「私には問題なく見えますよ。それに私は無骨なタイプが好みですから」私が微笑みながらそう言うと、彼はおかしそうに大笑いしました。私は彼が自分の道具一式をリュックに詰め終わるのを待ってから、自分のＲＶ車が停めてある場所へと案内しました。それから二時間のあいだ、ピクニックテーブルを囲んで、朝食を共にしながら語り合いました。彼は自身のノートの記録と、これまで観察してきたアブダクションの出来事の詳細を話してくれました。彼は各々の項目の最後に、被害者個人の外観の様子を簡潔に記していました。女性の被害者の年齢は男性よりも若かったようでした。いずれのケースにおいても、被害者は一人旅をしていました。

「彼らの所持品はどうなったんですか？」

「大部分の人たちは所持品ごとさらわれていきました。そうでなかったケースは私の記憶にはありません。大体にして彼らはわずかな物しか持っていませんでした。ある時、あなたが昨夜いたまさにその場所へ向かって、とても小柄できゃしゃな若い女性が歩いていくのを見ました。彼女は赤いプリントドレスの裾を地面に引きずっていました。とても奇妙な感じでした。彼女は空に向かって両腕を伸ばし、やつらは彼女を連れ去りました。それはあたかも彼女が自分のもとへ連中が来るのを待ち望んでいたかのようでした」

「彼女は戻ってきたんですか？」

「二度とその姿を見ませんでした。昨夜、あなたがあの岩のほうへ歩いていって腰をおろすのを目にした時、私は本当に恐ろしくなったんです。あなたの身を案じていたんです。間違いなく連れていかれると思いました。だから声を掛けたんです」

「そうしてくれて嬉しいです。さもなければ、私はこんなに興味深い紳士とは決して出会えなかったわけですから」私のほめ言葉に彼は微笑みながらも、居心地の悪さを感じているように見え、きっとこれまであまり優しい言葉をかけられたことがなかったのだろうと思いました。そう思った瞬間、私は彼のことがあまりにも可哀想に感じてしまうと同時に、そういう人生を歩んできた彼の気持ちはどんなものだったのだろうと思いを巡らせていました。けれども、一人で物思いにふけっているわけにもいかず、私は質問を続けました。

「誘拐された後に戻ってきた人と話をしたことはありますか?」

「二、三度ほどありますが、誰も自分が遭遇した出来事を覚えていませんでした。ですので、実際のところ何も尋ねていません。何人かは途方に暮れて混乱していました。一人の若者のことを私は覚えています。オハイオ州アクロンの出身で、ハイキングしながら全米を巡っていると私に言いました。彼は眠りに落ちた後、目覚めたら自分が全く知らない場所にいたといいます。その晩遅くに、彼は意識が混濁してしまうほどの高熱を出しました」

「それは誘拐されたことによると思いますか?」

「まったくもってその通りです。疑いの余地もないことでしたが、私は彼にはそのことは言いませんでした。彼はもう十分に苦しみを味わっていましたから」

「それでどうしたんですか?」

「祖母から教わった薬草を彼に与え、自分のキャンプで彼を二日間休ませました。三日目の朝には熱が引いて、彼は普通の状態に戻りました。彼は私を朝食に誘ってくれ、その後に去っていきました。だいたいにおいて、誘拐された者は正体が不明で、自分が連れ去られたことを何も覚えていないようなんです」

「戻らない人の身には何が起きているとあなたは思いますか?」

「それについては考えないようにしています。自分の経験から、彼らならやりかねないことが私には分かりますから」

「戻ってこなかった直近の五人のうち、女性は何人いましたか?」

「男性が四人だから、女性はあの赤いロングドレスの若い女性だけです」

「あなたの友人のロジャーさんもノートに記録しているんですか?」

「ええ、していますとも。実際に彼は、戻ってこなかった人の数は、フェニックス近郊では一四人になっていると最近言っていました。フェニックスはアブダクションの温床になっているんです。周囲の者から離れてさまよっていた幼い子供たちです。一四人が戻って来ませんでした」彼は信じられないといったそぶりで首を横に振りました。

「地球を訪れているのは、グレイだけだと思いますか?」

「それについては私にはよく分かりません。私が知っているのはグレイだけで、私はやつらとは何の関わりも持ちたくありません」

「なぜあなたは彼らをグレイと呼んでいるんですか?」

「連中は灰色の肌をしているからです。醜いやつらですが、大人の男一〇人分の力を持ちあわせています。私がベトナム戦争から帰還してきた後、ロジャーが連中に関するあるものを見せてくれました。それは図書館の本にあった画像でした。彼は我々を連れ去ったのはこいつらだと言いました。彼の言う通りでした。虫のような目をした化け物です」

正午になりかけた頃、ジミーと私はお別れの挨拶を交わしました。彼は私にもう一泊していくように頼み、私はまだスケジュールにゆとりがあったので、延泊の許可をもらおうとしたのですが、すでに予約で一杯になっていました。つまり私はもうそこから移動しなくてはいけなかったのです。私はその日、ジミーのもとから離れたくありませんでした。この旅の間に多くの人に会いましたが、とりわけジミーは私の心に深い印象を残しました。デスバレーを後にする前に、私は自分の電話番号が記された封筒と、いつも携行しているテレフォンカードを彼に渡しました。そしていくらかのお金と、次のメッセージを記したメモを添えました――「私の観察者でいてくれてありがとう」

それ以来、彼とはまだ再会してはいませんが、私は彼にメッセージを送ることができる私書箱を持っていて、彼は確かにそれらを受け取ったようでした。なぜなら彼は私に電話を二回かけてきたからです。彼はいまも観察者として、寝ずの番を続けています。最近、伝えてくれたところでは、ロジャーが少し前に共同住宅内の一室を購入し、フェニックスに引っ越してこないかと誘ってきたそうです。彼はそのことを真面目に検討しているところです。彼は私と連絡を取り合っていくことを約束してくれました。私が次にアリゾナ州を訪れる際には、ロジャーにも会えることを願っています。

第十五章　スターピープルの守り人

会社のオーナー、警察官、元大学教授など、社会的に信用のある人の複数が、湖や川や海などから水を吸い上げる未知の物体を目撃した事例が数多く報告されています。水面から上空の宇宙船に伸びる霞や霧、あるいは水の柱を見たという証言もあり、目撃者は「水を吸い上げていた」という表現で描写しています。ＵＦＯ研究家のボブ・プラットの報告によると、ある航海中の船が進行方向に別の船を見つけて減速し接近してみると、それは船体と同じ幅の水柱を形成して海水を吸い上げているＵＦＯであったといい、そのとき船のデッキにいた数人の目撃者の証言では、ＵＦＯは海面のおよそ六メートル上空から水を吸い上げていたといいます。ブルース・マカビーとエド・ウォーターズも、一九九七年の著書『ＵＦＯは実在する、これが証拠である』で同様の出来事を紹介しています。

この章では、年輩の父親とその息子が、彼らの牧場に水をもらいに度々やってくるＵＦＯについて語ってくれます。

私と知り合って十年以上となるスコットは、ある日の午後、彼の兄の牧場に頻繁にやってくるＵＦＯと、そこを訪れたスターピープルについて語ってくれました。スコットと兄のウォルターはともに保留地で育ちましたが、スコットのほうはベトナム戦争に行くには若すぎたため、地元の女の子と結婚して地元に残る道を選びました。一方ウォルターは、高校卒業と同時に徴兵され、生まれ故郷に戻ってきた時には二〇年近い歳月が流れていました。

「兄のウォルターは保留地のすぐ近くに土地を持っているんです。父さんが病を患ってから、私は家族で故郷に越してきて、ウォルターは父さんの牧場で一緒に暮らし始めました」

「お父様はお幾つになるんですか？」

「六月には九二歳になります」

「ウォルターさんは？」

「六八です」

「お子さんはいらっしゃるの？」

「いいえ、ひとりもいません」

「ウォルターさんは遭遇体験を私に話してくれるかしら？」

「いま連絡がつくかどうか、電話してみますよ。ときどき街中で午後に会えることもありますから」

彼は携帯電話を手に取って外に出て行き、数分後に戻ってきました。

「いまカフェにいます。急いで行けば会えますよ」

私たちがカフェに入ると、スコットは奥のボックス席に座っている黒いカウボーイハットの男性を指さしました。

「あの人です」

二人でボックス席に近づくと、ウォルターは立ち上がり、帽子をとって私と握手をしました。そして帽子を隣の席に置きました。私は彼がエチケットとして帽子を取ったことに感心しました。大半の男性が忘れている作法だったからです。

「間に合って良かったです」彼は私を見て言いました。「ランチを終えたらすぐに帰宅するつもりでしたので。そんなにしょっちゅう保留地には来ないんです」

「会えて良かったよ、兄さん」スコットが言いました。「ここにいる博士はスターピープルについて兄さんと話したいそうなんだ」

ウォルターは、フライドポテトのお皿から視線を上に向けました。彼の額に少し皺がよりました。

「スコットさんと私はＵＦＯとスターピープルについて話していたんです」私は説明を続けました。「彼によると、スターピープルがあなたのところを訪れたそうですけど、もう少し話を聞かせていただけますか？」

ウォルターは店内をぐるりと見回し、彼の声が聞こえる範囲に誰もいないことを確かめてから口を開きました。

「スターピープルについて話すのは好きではないんです。父さんと私は彼らを守っているんです。でもスコットが了承しているようなので、考えてみます」そう言ってから、コーヒーを飲み干しました。すみやかにウエイトレスがやってきて、コーヒーを注ぎ足しました。「ところであなたはどなたですか？」彼が尋ねてきました。「考古学者、それとも世話焼きさん？」

彼は悪戯っぽい笑みを浮かべました。

「彼女は作家だよ、兄さん」スコットが答えました。「ＵＦＯとインディアンについて書いているんだ。もう知り合ってから長いんだ。彼女は大丈夫だよ」

「それじゃ、なおさら困る。私は本に書かれたくはないんだ。そうなったらエイリアンを探して写真に撮るために人がやってくるのが目に見えている。私は保留地に住んでいないから、部族警察を頼ることができないんだよ」

「あなたの住んでいる場所やお名前は決して公開しません」私は答えました。「私にお話をしても困ったことにはなりません」

「私は私人なので、世間の人を相手に話をすることは好まないんです」ウォルターは説明しました。

「あなた個人を特定するようなことは何一つ書かないことをお約束します」

「あなたは週末にかけてこちらに滞在しているんですか?」

「ええ」

「では六時までに用意を整えておいてください。私が姿を見せれば、それはあなたにお話をするという意味です。そうでなければ、あなたがいた場所へそのままお帰りください」

彼は帽子を拾い上げて、まっすぐに頭にかぶりました。

「午前ですよね?」

「そう、午前六時きっかりに準備をしていてください。あなたが遅れるようなことがあったら、私は気が変わるかもしれません」

「遅れないようにします」

「いいでしょう。いつも時間に遅れる女性を私は好みません。私の妻は決して遅れたことがありませんでした」

翌朝、私は五時には起床していました。ウォルターは六時数分前に駐車場に車を停めました。私は彼がわざわざ小型トラックから降りてこなくてもいいように、先に家の外に出て挨拶をしました。そして助手席に乗り込んだ私は、出発してハイウェイを走り続ける彼の車が速度を緩めて保留地の外に出るまでの間、彼に話しかけるべきか、黙ったままでいるべきか、よく分かりませんでした。ウォルターが沈黙を破りました。

「私が初めて保留地を出たのは、軍に徴兵された時でした。ベトナムで兵役を終えた私の人生は永遠に変わってしまいました。退役後も保留地に戻ることはありませんでした」

「どのくらい離れていたんですか？」

「二〇年間です。戦争が私を変えてしまったんです。兵役を解かれたのは、ようやく二一歳になった頃でした。いったいぜんたい自分が何者であるのかも分かっていませんでした。何年もの間、当てもなく放浪しながら、他の退役軍人のもとを訪れて、戦地でいったい何があったのかを理解しようとしていました。そしてある日、自分の弟と父さんに会いたくなったんです。私はニューオリンズにいましたので、ヒッチハイクを始めました」彼は小型トラックの速度を落とし、タバコの箱に手を伸ばしました。そしてタバコ用ライターをダッシュボードの上にポンと置き、それが温まるのを待っていました。

「保留地まであと三時間ほどのところまで辿り着いた時、一人の女性が乗ったオンボロの小型トラックが停まり、仕事を探しているのかって尋ねてきて、私がうなずいて、そこから全てが始まったわけです」

「けっきょくあなたが実家まで辿り着くことはなかったということですか？」

「彼女が自分のところで私を雇ったんです。彼女は八六万坪ほどの広さの牧場を所有していて、ひとりでやっていこうとしていました。彼女は私に住む家を与えてくれました。何年ぶりかで再び何かに属しているような気持ちになりました。やがて私たちは結婚しました。彼女は七年前に癌で他界しましたが、私は再婚は決してしませんでした。するつもりはありません。生涯を捧げる結婚でしたから」

六〇代の後半でありながらも、ウォルターは今でもハンサムな男性でした。背丈は一八〇センチにわずかに足りませんでしたが、カウボーイブーツが身長を数センチ高くしていました。黒髪は中央で分けられて、両肩に掛かっていました。首に掛けられた熊の爪は、彼によれば二〇歳の時に初めて仕留めた熊のものだといいます。シルバーのベルトバックルは、ハイスクール時代にロデオ大会で優勝したことを物語っていました。牧場仕事で皮膚が硬くなった左手には、亡くなった妻との結婚指輪がありました。

「これは女性を遠ざける効果があります」金色の指輪についてそう言って彼はクスクス笑いました。

「そうは言っても、私のような男を求めて列を成している女性はいませんけどね」

「ところであなたの牧場はどのあたりからですか？」

「この丘を越えたところから見渡す限りですよ。とても素晴らしいところです。ここを手に入れたいと思っている人はたくさんいますが、私の目の黒いうちはそうはさせません」

「そしてここにスターピープルもやってきたんですか？」私は尋ねました。

「スコットがあなたにどこまで話したのかは分かりませんが、私たち家族とスターピープルは長い歳月にわたる付き合いがあるんです。それは私の曾祖父の代までさかのぼって、祖父、父、そして私へと続いています」

「そしてあなたが去った後も続いていくんですか？」

「そう願っています。ブランドンが引き継いでくれればと願っています」

「ブランドン？」

「私の甥、つまりスコットの息子です」

「あなたの牧場が最初の遭遇体験の場所なんですか？」私は尋ねました。

「いいえ。彼らは保留地内の父のところへ来ていました。いまそこにはスコットが住んでいます。でも父さんが私と暮らすようになったので、彼らは私のところに立ち寄っているんです。私の牧場のほうが都合がいいんです。詮索好きのご近所の目からもハイウェイからも離れているので」

「あなたの牧場を見るのが楽しみです」私がそう言った時、彼は速度を落として幹線道路から左手方向にハンドルを切りました。

「ところで、父さんはあなたを私の妻だと思うかもしれません。彼はアルツハイマー病を患っていますから。昔のことはとてもよく覚えているんですが、人のこと、その名前、そして昨日したことなどは思い出せないんです。彼はあなたのことをきっと好きになりますよ。それから、彼があなたの傍から離れようとしなくても、驚かないでください。彼はいつも私の妻のリリーのことを尋ねてくるんです」

「大丈夫です」私は答えました。「心配はいりません」

彼の言葉どおり、保留地の町を出発してからきっかり二時間後に、車は彼の牧場の私道に入りました。母屋の前庭に車を停めた時、一匹の黒へビがガレージのコンクリート床の上で日向ぼっこをしていました。そしてそれが滑るように丈の高い草むらに消えていくのが見えました。見渡せる限りでは、牧場の大部分は起伏の続く丘陵地帯で、放牧に適した牧草地が数カ所にありました。母屋の西側には、防風林の役目を果たしている木々がどっしりと立ち並んでいました。母屋の裏手近くには、小さな菜園があり、赤トマトとズッキーニが溢れるばかりに育っていました。さまざまなサイズのカボチャが実った蔓が、老朽化した養鶏場を囲む柵を覆い尽くしていて、私が近づくと、一二羽かそれ以上の雌鶏が柵に駆け寄ってきました。それらは家禽というよりは明らかにペットに近いものでした。

「こちらへいらっしゃい。父のサムにあなたを紹介したいので。UFOが来るのは彼がいるからです。彼が去った時に、私の番になります」

私たちは小さな居間に入っていきました。そこはソファー、コーヒーテーブル、スタンドテーブル、そして家具調テレビで構成されて、ダイニングキッチンもありました。彼の父親はテーブルでコーヒーを飲んでいるところでした。

「さあ、どうぞ」父親が立ち上がりながら言いました。「お待ちしていましたよ」

私は彼に歩み寄って抱擁を受けました。

「あなたが仕事で旅行を続けるのを終わらせてくれたらいいなって思います」彼は言いました。「そしてここで私たちと一緒にいてくれたら。女性のいない環境は淋しいんです」私は心得顔でウォルターに目配せしました。彼から事前に警告されていて良かったと思いました。

「我が家が一番ですからね」抱擁を解く父親に私は答えました。

「父さん、スターピープルがやってきた場所をこれから見に行ってくるよ」ウォルターが言いました。

「私も行きたいな」サムが言いました。

ウォルターは私のほうを見て、肩をすくめてみせました。サムはすっくと立ちあがって、実年齢の半分の歳のように元気よく、私たちの間をかき分けるように歩きだし、私たちはその後に従うように外に出ました。

「小型トラックに乗っていくからね」ウォルターがサムの背中に声を掛けました。私が運転席に乗り込んでシフトレバーをまたいでいると、ウォルターはサムを私の横の座席に乗せてあげていました。

「彼らがやってくるのは、あそこに見える丘陵の向こう側なんです」ウォルターが北の方向を指して言いました。走り始めて一五分もしないうちに、ウォルターは車を停めました。下方に点在する数カ所の溜め池を見渡せる丘の上まで来た時、ウォルターが言いました。

「ここが彼らのやってくる場所です。雪解け水が池に溜まるんです。それは夏の間の家畜用の水になります。冬には井戸水を使います」ウォルターが先に車から降りて、助手席側のドアまで小走りして、父親が降りるのを手伝っている間、私はハンドルの下をくぐり抜けるように降りて、丘の縁のほうへ歩いていきました。

「あれが彼らのやってくる理由のひとつですよ」サムが私に歩み寄って言いました。「ここには水があるからです。彼らには人間と同じように水が必要なんです」

「最初にスターピープルに出会ったのはいつのことですか？」私は尋ねました。

「初めて彼らを見たのは四歳か五歳の頃でした」ウォルターが答えました。「父さんがあそこへ連れて行ってくれたんです。自分の友だちに会わせたいといって。現場に着いたら、溜め池のところに彼らがいて、宇宙船に水を運んでいたんです。私が何をしているのかと尋ねると、彼らは私と父さんを宇宙船に乗せてくれて、どうやって水を蓄えているかを見せてくれました」

「どうやって蓄えていたんですか？」私は尋ねました。

「壁の中にです」サムが答えました。「船体の壁の中は空洞になっていて、そこを水で満たすんですよ。水は絶縁体として、またある種の化学物質と混合させた冷却剤として、さらに化学物質をろ過した飲料水として使われるんです」

「彼らがそうあなたに教えてくれたんですか？」

「他にも多くのことをです」サムが言いました。

「説明していただけますか？」私が尋ねると、ウォルターが会話に入り込んで答えました。

「彼らは、人間たちは種族に恩恵をもたらすために知識を使っていないと言いました。利己主義に陥っていると。彼らによると、全人類の抱える最も重大な諸問題を解決する手段は既に存在するにもかかわらず、権力者たちの利益にならないという理由で、救済手段は大衆に公開されずにいるそうです。スターピープルの世界では、全ては全員のためであり、わずかな者たちのためではないといいます」

「インディアンの世界もかつてはそうでした」サムが言いました。「白人がやってくるまでは」

「どのような種類の問題が解決されているのかを彼らは話してくれましたか?」

「いろいろな病気とか」サムが答えました。「高齢の問題とか、石油の代わりに水を燃料として使うこととか、たくさんのことです」

「水について考えてみたいんですが、宇宙船が離陸するのには水は重すぎませんか?」私は尋ねました。

「それには別の理由があります。離陸の際には、水はそれを補助する推進力になるんです。宇宙空間に出れば、水は別の用途のために転用されます」サムは微笑みながら言いました。「まさに天才的ですよね?」

「お分かりのように」ウォルターが言いました。「父さんはスターピープルと長い付き合いがあるんです。スターピープルは彼に多くのことを教えてくれているんです」

「家族代々受け継いできているんです」サムが言いました。「私の祖父もです」

「サムさん、あなたが初めてスターピープルを目撃したのは何歳の頃だったたんですか？」

「その質問は、彼らに会ったのが何歳の頃かとしたほうがいいでしょう。それは物心がついた頃の記憶のひとつです。私の祖父、つまりウォルターにとっての曾祖父が、私を彼らに紹介してくれました。ちなみに、彼らは祖父のことを〝四つ星〟と呼んでいました。彼が生まれた晩に、キャンプ場の上空に四機の宇宙船が現れたんです。それは地上から見ると星のように見えたため、それにちなんで名付けられたんです。四つ星は私の手をとって、宇宙船に乗せてくれました。私は四歳か五歳でした。いま私は九二歳ですから、それは一九〇〇年代の初めの頃でした」

「本当に長いあいだ遭遇を続けてこられたんですね」そう言って私がウォルターのほうへ目を向けると、彼は微笑みながら、サムの説明に言葉を挟まずにいました。

「私たちは守り人なんです」サムが言いました。「私たちのような者が世界中に存在していて、家族代々に渡って他の星からの訪問者を守ってきているんです。それによって彼らは地球上を行き来することができ、この惑星の権力者の手から守られているんです。彼らには、着陸し、水を採取し、船体の点検や修理をする場所が必要なんです。彼らが作業をしている間、私たちが守ってあげているんです。私の祖父も父も守り人でした。私は守り人であり、ウォルターも守り人です」

「軍部はレーダーで感知しないのですか?」私は尋ねました。

「それが水を利用するもうひとつの理由です。彼らは水を使った何らかの方法で宇宙船がレーダーに映らないようにしているんです」

「わが国の軍部もきっとその秘密の手段を使いたいところでしょうね」ウォルターが口を挟みました。

「スターピープルについて他に何か話してもらえますか?」私は尋ねました。

「彼らは人間の姿をしています」サムが答えました。「白い肌の人もいれば、私たちのような浅黒い肌の人もいます。顔にそばかすはありません。肌の状態は完璧です。彼らはあまりしゃべりません。思考によって会話をするからです。最初は私はそれが理解できませんでしたが、彼らがやり方を教えてくれて、まず始めに私が自分の質問を考えてから、彼らが自分たちの返答を考えるのです。いったんコツをつかめば簡単です」

「彼らの身体的な特徴に何か違いはありましたか?」

「私が思いつく限りはありません」そう答えてサムは腕を伸ばして私の手をとりました。

「はい、ありました」ウォルターが言いました。「彼らは人間よりも腕が長くて、指も長かったので、手を使う作業にもっと融通性がありました。私は彼らの手作業を見ていましたが、同じようにはできませんでした。彼らの頭骨も人間より長いものでした。顔は人間よりも五センチから七・五センチくらい細長かったです」

「他にはありますか?」

「たぶん最も特筆すべきことは」ウォルターが言いました。「彼らがみんな似通っていたことです。まるで全員が同じ母親と父親のもとで生まれたかのように。各自を見分けるのはとても大変でした」

「私から見ると」サムが言いました。「最も奇妙だったのは、彼らは姿を消せることでした。人間は消えたりはできません。あなた以外はね。ねえ、お嬢さん、教えてくださいな。あなたは私たちの前から消えたらどこへ行くんだい?」

「大丈夫だよ、父さん」ウォルターが言いました。「ここが彼女の家だよ。だから心配しないで」

私はサムの質問は聞かなかったことにして続けました。

「スターマンについて、他に話せることはありませんか?」

「彼らは武器を保持していません。儀礼的な宗教も持っていません。私は彼らに偉大な精霊について教えてあげようと申し出ました。彼らは聖書の物語を好みました。私は彼らに聖書の物語と昔から伝わるインディアンの伝説を語り聞かせています。彼らはそれらを気に入ってくれています」

家に戻ると、ウォルターはテラスの椅子に父親を腰かけさせました。サムは自分の横に私が座る椅子を持ってくるようにせがみ、ウォルターがそこに移動させた椅子に私は座りました。

「父さんのことは大目に見てあげてください。お話する内容については私が保証します。ただ、聖書の物語は例外です。それについては私にはよく分からないので」ウォルターは父親のほうを見ながらそう言いました。

「彼らは自分たちの食べ物について何か言っていましたか？」

「植物が基本の食べ物です」サムが答えました。「彼らは船内で植物を栽培して食事を用意していました。私の口には、それは乳児食みたいで、味気ないものに感じられました」

「彼らにとっての食べ物とは単に体に滋養物を与えるためのものだと私は思います」ウォルターが言葉を添えました。「食事を楽しむためではないんです。私は彼らの惑星で自分が暮らしていけるとは思いません。彼らは自分たちで栽培したものを食べます。楽しむために飲んだり食べたりはしないんです。ただ栄養を摂ることだけが目的なんです」

「彼らの世界では」サムが言いました。「地球ほど水が豊富にはないので、社会生活における水の利用や再利用のしかたを身につけたんでしょう。私が理解するところでは、彼らが同じ水をいろいろな用途に利用するのはそういう理由からです」

「彼らは定期的に訪れているんですか？」

「予定というものはありません」ウォルターが言いました。「彼らがいつ来るのか、私たちは知る由もないんです。私は長いあいだここから離れていたので、全てを再び学び直しているところです。スターピープルについても忘れてしまっていました。アルツハイマー病の影響で思考に霧がかかった状態になっていない時は、父さんは私にとって良き教師です。彼は自分が死ぬ前に彼らがやってきて、宇宙船で彼らの世界へ連れて行って、余生をそこで過ごせるようにしてくれると信じています。そこではアルツハイマー病を患ったままでいることはないでしょう。もし彼のいうとおりなら、私もとても嬉しいです」


網焼きハンバーグと畑で採れたトウモロコシのランチを終えた後、ウォルターは父親を室内に連れていって休ませました。それから車で私と町に戻る途中で、彼は自身の子供時代のことを語ってくれました。

「普通の生活ではありませんでした。自分ではそれが普通のことと思って育ったんですが、寄宿学校に入る前に、祖父と父が私を目の前に座らせて、守り人の重要な役割について話して聞かせました。そしてスターマンのことは決して何一つ口外しないようにと言われました」

「あなたの奥さんはスターピープルについて知っていたんですか?」

「いえ、それは私が彼女に内緒にしていたことでした。彼女はオープンマインドな人ではありませんでした。彼女は善人であり、敬虔なカトリック信者でした。スターピープルの存在は彼女の信仰を土台から崩壊させるものだったでしょうから、そういう思いはさせたくありませんでした。もし白人のための天国というものがあるなら、きっといま彼女はそこにいるでしょう」

「ちょっと気になることがあるんですが」私は言いました。「守り人の役割が、あなたの曾祖父、祖父、父親、そして今のあなたへと受け継がれているわけですが、もしブランドンが守り人になるという選択をしなかった場合には、あなたはどうするおつもりなんですか?」

「それは良い質問ですね。あなたはその仕事をしてみたいですか?」彼は微笑んで言いました。

私はその問いにどう答えていいのか分からずに、笑っていました。

「ブランドンになることを望んでいますけど、もしダメなら、スコットには一一歳の息子もいます。ブランドンにチェイスは馬や牧場作業が大好きです。雄牛乗りのちびっこ名手です。すでに数々のトロフィーを獲得していて、私よりも多くの銀行預金を持っています」彼は穏やかに笑いました。「彼は私の牧場をとても気に入って、夏休みの大半をここで過ごしています。スコットとも話したことがあるんですが、彼は息子がこの牧場を引き継いで次の守り人になることについて了承しています。今年の夏に、父さんと私はチェイスをスターピープルに紹介してみるつもりでいます。彼が私たちの期待通りの反応を見せれば、後継者ができることになります。彼は良い守り人になるでしょう。まだ一一歳ですが、責任感のある男の子です」

「スターマンは、どうしてスコットが住んでいる故郷を離れたんだとあなたは思いますか？」

「父さんがこっちに越してきたと同時に、スターマンもこっちに移動してきたんです。つながりは家長との間にあるんです。父さんは彼らと一緒にいる時は若者のように見えます。彼には非常に優れた長期記憶があります。問題は短期記憶のほうです。あなたが訪れたことも明日には忘れてしまって、リリーはどこにいるのだろうと不思議に思い始めるでしょう。彼は亡くなる前にスターマンが迎えに来てくれると言っています。彼らは父のことを旧友と呼んでいるんです」

私はその後もウォルターと年に一度会っています。彼の父親は九四歳になり、今もちゃんと暮らせています。ぼうっとしている日もありますが、スターマンがやってくると、青年のようになります。自分が亡くなる前にスターマンが彼らの母星に連れていってくれるという確信が揺いだことは一度もなく、最近ではそれを心待ちにしています。ウォルターの若い甥っ子のチェイスは、現在はウォルターと終日一緒に暮らしていて、在宅学習をしています。チェイスは牧場が大好きで、守り人としての自身の責任を上手にこなしています。ウォルターによると、前回の彼らの訪問の際に、チェイスは宇宙船での小旅行に連れていってもらえたそうです。ブランドンはアルバカーキに引っ越して、アートスクールに入学しました。そんな中で、最近になってスターピープルはウォルターのことも旧友と呼び始めたそうです。

第十六章　私の娘の正体

一九八七年、アブダクション研究家のバッド・ホプキンズは、被誘拐者から採取されるのは遺伝物質だけではなく、女性の場合は妊娠させられ、懐胎の三、四週間後に胎児が摘出されていると唱えています。さらにホプキンズは、被誘拐者から生まれた〝通常の〟赤ん坊すらも、異星人によって遺伝子操作が施されている可能性を指摘しています。

この章では、なかなか子宝に恵まれなかった女性が、ＵＦＯに遭遇後に子供を宿していることに気づいたという事例をご紹介します。

メアリーは米国南西部の保留地で育ちました。二二歳で州立大学を卒業した彼女は、アリゾナ州フェニックスにあるインディアン社会プログラムで事務職に就くことにしました。そこでのキャリアが二〇年を迎えた頃に私は彼女と出会いました。女性のインディアン指導者の名誉を称える昼食会の席で、彼女と私は隣同士になったのです。私は自身の学術書『シスターズ・イン・ザ・ブラッド』についての講演者として、その会に招聘されていました。二人でデザートを待っている時、向かいの席の年配客が話しかけてきて、私がまだＵＦＯ遭遇体験を取材しているかと尋ね、私はうなずきました。

「講演の後に私のところへ来てください。会わせたい人がいるんです」その言葉に私は再びうなずきました。その時メアリーが私のほうに体を寄せてきて囁きました――

「もし時間がおありでしたら、私もＵＦＯとの遭遇体験があるんですけど、たぶん信じてはいただけないような話なんです」昼食会の席でこのように続けて打ち明けられることになるとは予想していませんでしたが、よろこんで二人から後ほど詳しい話を聞くことにしました。


翌日、正午の数分前にメアリーのいる事務所を訪ねました。彼女は自らの体験を伝えるために、私を昼食に招いてくれていました。秘書に案内されて小さな会議室まで来ると、そのドアが開いてメアリーが迎えてくれました。

「勝手に昼食をオーダーさせてもらいました。今日は来ていただけて嬉しいです」

私が席に着くと、彼女は入口にいた秘書に歩みより、これから二時間のあいだは自分にかかってきた全ての電話を取り次がないように指示し、ドアをロックしました。メアリーは魅力的な四〇代半ばの女性でした。ウェーブのかかった黒髪は染色により赤茶色に輝いていました。彼女は着ていたブレザーを脱ぎ、椅子の背もたれに丁寧に掛けてから、席に着きました。ややふっくらとしていながらも、そのプロポーションが心地よさそうでした。彼女は一四歳の娘をもつ未亡人でした。夫は娘のチェリーが誕生する半年前に交通事故で他界してしまっていました。それ以来、メアリーの人生は仕事と娘のために捧げられてきました。

「あなたのお話は以前から伺っていたんです」メアリーはコーラの缶に手を伸ばしながら言いました。「私の体験をお話したかったんですけど、ずっと機会がなくて。私と似たような体験をした人の話をお聞きになっているかどうか、知りたかったんです。もし私が第三者の立場で、これからあなたにお話する体験談を聞いたら、信じたりはしないだろうと思いますけど、誓っていえます。本当のことなんです。彼らはまだ娘のチェリーが幼児だった頃から、ずっと私をいいように利用してきたんです」

「心配しないでいいですよ。奇妙な体験はいろいろ聞いていますから」

メアリーはうなずいて、私に好きなサンドイッチを選ぶように促しました。

「最初の遭遇があったのは二〇年前のことです。いま私と娘は町の郊外に住んでいます。亡夫がフェニックス市外の小さな田舎の造成地に家を建ててくれていたんです。見栄を張ったところなど何もない、ただ三人が暮らしていくために建てた家です。夫は赤ん坊が生まれる前にマイホームを持ちたがっていました。酔っぱらい運転の車にはねられて夫が死んだ後、私の友人や親族は、私たちが別の町に引っ越すか、少なくともフェニックスの共同住宅に移ったほうがいいと言いましたが、私は我が家が好きでした。夫が私とチェリーのために建ててくれた家を手放したくなかったんです。私は実母のパールに、私たちと同居を始めるように説得しました。彼女は独り身でしたから、淋しく暮らす必要などありませんでした。

「あなたのご主人は素晴らしい人ですね。ただ、あなたが私をここへ招いた理由を話してもらえますか?」

「車で帰宅途中のある晩のことでした。冬だったのですでに日は落ちていました。私は途中で買い物を済ませてから、娘を迎えにモンテソリスクールに寄りました。娘はまだ二歳でしたが、週三回のプログラムに参加させてもらえていたんです。それ以外の日は、私の母が娘の面倒を見てくれていました。車での家路で、ハイウェイの前方近くに、じっと空中にとどまっている光を目にしました。地面に近い位置にありましたが、私はそれを空軍基地に離発着する飛行機だろうと思いました。しかし近づいていった時、それが飛行機ではないことに気づきました。目の前の光は動いていなかったんです」

「それであなたはどうしたんですか?」

「何かしらの理由で光が動いていないのだろうと思って、私はそのまま光のほうへ車を走らせていました。自分がＵＦＯに出くわすことになろうとは夢にも思っていませんでした」

「いつＵＦＯだと気づいたんですか？」私は尋ねました。

「車で接近していた時、まばゆく輝いていた光が急に消えてしまい、同時に私の車のヘッドライトも消えてしまいました。それからダッシュボードの明かりも薄れていって、エンジンが止まってしまいました。幸いなことに、ヘッドライトが消えた時点で、私は車を路肩に寄せていました。私は車から降り、チャイルドシートのベルトを外してチェリーを抱きかかえ、徒歩で帰ることにしました。もう自宅までわずか一キロ半ほどのところまできていたからです。夜空に雲はなく、月明かりが照っていましたので、自分に大丈夫だと言い聞かせていました」

「でも、その時点であなたはＵＦＯの存在に気づいていたんですか？」

「いいえ、私はただ一連の不運が続いているんだと思っていただけです。もう新しい車に買い替えなくてはいけない時期をとうに過ぎていたので、似たようなトラブルが以前から起こっていたんです」

「それでどうしたんですか？」

「ハイウェイを歩いていくのではなく、近隣の人が所有する野原を横切っていこうと思いました。そうすることで移動距離を四分の一ほど短縮できると考えたからです。抱っこしたまま一キロ半の道のりを歩くにはチェリーは少し重すぎました。そして野原の半分ほどまでやってきた時、先ほどの光が私たちの上空にやってきました。この時になって、それが飛行機でもヘリコプターでもないことがはっきりと分かりました。その光は私たちの周辺をサーチライトのように照らし回り、私たちにスポットが当たった瞬間にライトの動きが止まりました」彼女はそこで間を入れて、サンドイッチを一口食べました。

「次の瞬間に私はもう宇宙船の中にいました。一体どうやって乗ったのか私には分かりません」

「チェリーちゃんのほうは?」

「彼女も一緒でしたが、彼らはチェリーは私のものではないって言ったんです」

「誰があなたにそう言ったんですか?」

「分かりません。彼らはチェリーは自分たちのものだと言ったんです。私は自分の頭の中に響いていたその声に向かって、あらん限りの大声で叫んでいたのを覚えています」

「彼らの姿は見ましたか?」私は尋ねました。

「ちらっと一瞬だけで、あとはなにも」

「それからどうなったんですか?」

「彼らは私を地上に戻しました。実際には、気づいたら私は自宅の前に立っていて、腕にはチェリーを抱いていました」彼女は再び間を入れてコーラを一口飲み、テーブルを手で押して椅子を後ろに下げました。彼女は目を潤ませていました。

「それから、信じられないでしょうけれど、私の車も敷地内の私道に停めてありました」そう言うと彼女は椅子から立ち上がり、私がしゃべるのを制するように、両手の平を私のほうへ差し出しました。「ありえないことだっていうのはわかっています。でも本当なんです。あのとき私は、心の痛みに耐えられなくなって、玄関前の階段に座り込んで泣いていました。チェリーが私を慰めようとしてくれましたが、顔を上げた時、私道にある私の車が再び目に入り、彼らの持っている力の強大さを思い知らされました」彼女はデスクのほうへ歩み寄って、ティッシュペーパーを手にとって両目をぬぐいました。「ごめんなさいね」彼女は言いました。「あの晩のことを考えると、ちょっと感傷的になってしまうんです」

「私に何かできることはあるかしら?」そう問いかけた私に彼女は首を振りました。

「大丈夫です。ちょっと感傷的になっているだけですから。話の続きを聞いていただければ、分かってもらえると思います」

「その最初の遭遇の後、彼らにまた会ったんですか?」

「何度もです。次に会ったのはチェリーが四歳の時でした。最初と同じ状況でした。でもこの時は、私は野原を歩いて渡ろうとはせずに、ハイウェイにとどまっていました。そして彼らは私たちを宇宙船内に連れていきました。彼らはチェリーを私の腕から奪い、またあの時と同じぞっとする声が頭に響き渡り、チェリーは私のものではないと言いました。そしてそれ以降、私たち二人は、エンジンがかかったままの車の中に戻されるようになりました。私は自分が正気を失いつつあるのを感じ始めていました」

「彼らはそれ以外に何かあなたに言っていましたか?」

「はい。チェリーが六歳の時です。最初のうちはきっかり二年ごとにやってきていたんですが、その後は毎年のことになりました」

「彼女が六歳になってからは、彼らのコミュニケーションの取り方が変わったんですか?」

「はい。その時から変わっていました。彼らは私たちを部屋の中に連れて行き、これまでずっと私に言い続けてきたことをまた繰り返して言いました——チェリーは私の娘ではないと。そして彼らは、私はチェリーが地球で誕生するための手段を提供しただけだと説明しました。そして私が医師たちから、子供を授かるのは無理だとずっと言われていたことを思い出させました」

「それは本当だったんですか?」

「はい。夫のディーンと私は、七年ものあいだ子供を授かろうと努めていましたが、まったく成果はありませんでした。私が妊娠したのは彼が事故死する二、三カ月前でした。あの異星人たちは――あなたがスターピープル等の名称で呼んでいる存在は――私が子供を切望していたことを知っていたために、私にそれを授けたのだと言いました。しかし私が手元においておけるのは彼女が子供でいる間だけで、大人になったら彼らのもとへ来ることになっていると言ったんです」

「大人になるというのはいつのことなのか、彼らはあなたに言いましたか？」

「一七歳になった時です。娘はいま一四歳です。私が娘と一緒にいられるのは、あと三年間だけで、そのあと娘はいなくなってしまうんです。私は自分がどうしたらいいのか分かりません。ここから出ていけば、彼らから身を隠せるとあなたは思いますか？　ニューメキシコ州かオクラホマ州はどうだろうかと私は考えてきました。そこにはインディアンが大勢いますから。たぶん砂漠だったら身を潜められるかもしれません」そこで彼女は口をつぐみました。そして体を震わせ始め、泣き崩れてしまいました。

「あの子がいなくなったら私はどうしたらいいのか分かりません」彼女はチェリーのいない人生を想像して、涙にむせびながら言いました。

二、三分が経過した後、メアリーは涙をぬぐいました。

「ごめんなさい。あなたとお話しなきゃいけなかったわ。これまでにこのインディアンの世界で、誰か私と似たような体験をあなたに打ち明けた人はいましたか?」

「ひとりもいませんでした。少しでも似ている体験すら私は聞いたことはありません」

「私は自分の子供を失ってしまうことが本当に恐ろしいんです」彼女は言いました。

「メアリー、あなたは心理学者に相談してみる必要があると私は思います。たぶんそうすることで、こういった出来事を乗り越えていくための手助けが得られるでしょう」

「つまり、あなたは私の話を信じていないっていうことですね!」

「ちがうわ、メアリー。そうじゃなくて、私は……」

「やっぱり何も言うべきじゃなかったんです。彼らから警告されていましたし」

「警告されていたって、どういう意味かしら?」

「たとえ誰かに話したとしても、信じてはもらえないだろうって」

「メアリー、あなたの話を私が信じてないっていうことではなくて、この問題に対処するために、力になれる人がいるって思ったんです。あなたには友だちが必要だから……」

「あなたに私の友だちになってほしかったんです」

「私はあなたの友だちよ。そして私にできることなら何でも力になりますよ」

その後、四カ月にわたって、私は毎週メアリーと電話で話をしました。彼女の話の主旨はずっと同じものでしたが、より詳細を語ってくれることも時折ありました。再び南西部を訪れた際に、私はフェニックス郊外にあるメアリーの自宅に泊まりました。私を家の中に招き入れるやいなや、彼女はＵＦＯ搭乗者に関するさらなる情報を私に伝え始めました。

「彼らは世界中から若い女性を集めているって私に言ったんです。その女性たちはチェリーと同じ年齢なんです」そう言いながら彼女はダイエットコーラを私に手渡しました。

「なぜ？」

「理由はまだ教えてもらっていません。私が知っているのは、その子たちは全員がシングルマザーに育てられてきたっていうことだけです。どの子も母親と祖母以外に親族が誰もいなくて、兄弟姉妹も、いとこも、父親もいないんです」

「でもそれには必ず理由があるはずですよね」

「それはまだ話してもらっていません」

「それにしても、あなたはだいぶ落ち着いてきたようですね。状況を受け入れ始めているんですか？」

「チェリーが私に何も心配する必要はないって言ったんです。彼らが彼女に対して、私はずっと彼女と一緒にいるだろうって言ったというんです。チェリーは彼らを信じています。彼女は彼らのもとで生きていくことを一種の冒険のように考えて楽しみにしているんです」

「あなたは彼らを信じているんですか?」

「分かりません。だから考えないようにしているんです」

その半年後、またフェニックスに滞在していた私は、週末をメアリーの家で過ごしました。彼女の母親は保留地の友人を訪れており、チェリーは町に住む友だちの家に泊りがけで行っていました。

「あなたにご報告することがあるんです」メアリーは言いました。「私の母が彼らと会っているって言っているんです」

「それは、あなたの母親のパールさんが異星人に誘拐されているっていう意味ですか?」

「そうです」

「それはなぜ?」

「私にはよく分かりません。彼らからは何も聞いていません。母がもし理由を知っているとすれば、母も私に話してくれてはいません。でも、母が以前より若々しく、健康になってきているっていうことは私にもはっきりと分かります」

「どういうことかしら?」

「説明するのは難しいんですけど、母の体の状態が良くなってきているのは確かなんです。

あちこちのスーパーにも私と歩いて買い物に行けますし、母の主治医は高血圧と糖尿病の薬の処方をやめました」

「お母さんは食生活を変えたんですか？」

「母は菜食主義者になったんです。チェリーもです。私はそうはなれません。ローストビーフとハンバーガーがまだ好物ですから」

「そういうことなら説明がつきますね」

「そうでしょうね」メアリーは言いました。


それから八カ月の間、私はメアリーに会っていませんでした。チェリーはもう一六歳になっていました。私が翌週にフェニックスに行く予定であることをメアリーに告げた時、彼女は私の訪問を少し迷惑に思っていたように私は確かに感じましたが、私からは何も言いませんでした。しかし私が彼女の家の玄関口に姿を見せた時、彼女はニッコリ笑って私を迎えてくれました。なんと私と会っていないうちに、彼女は二三キロも減量していたのです。彼女の変貌ぶりに驚嘆している私の前で、彼女は台所をティーンエイジャーのような軽やかな足取りで動きまわっていました。彼女はグラスに白ワインを注いで私に勧めてくれました。

「ワインとお別れするのは淋しいわ」彼女は言いました。

「どういう意味かしら?」私は台所のカウンター席に腰を下ろしながら尋ねました。

「私も一緒に来ていいって彼らに言われたんです」彼女はワクワクした表情を見せて言いました。

「いつ言われたんですか?」

「四カ月前です。行くための準備を整えておくようにって言われました。つまりはダイエットです」

彼女は立ち上がって、生まれ変わった体をお披露目するように、台所の床の上でクルクルと舞ってみせました。

「肉は完全に断たなければいけなかったんです。野菜とフルーツだけです。あなたもぜひやってみるべきですよ」彼女は言いました。

「肉を絶つのはどうして?」

「私たちが行く世界には、肉食の習慣がないんです。フルーツと野菜だけ食べて生きていくんです」

「彼らがあなたに語ったことそのままを教えてもらえますか?」

「私がチェリーと一緒に来たければ喜んで迎えるので、もろもろの準備を整えておきなさいと言われたんです。私の母ですら招待されたんです」

「メアリー、あなたは自分のしていることが分かっているかしら？　彼らから何を聞いたんですか？」

「多くは聞いていません。でも、良かれと思って言ってくれたことなんです」

「私には理解できません」

「私たちがこの件について口外することを彼らは望んでいませんが、あなたには思い切って打ち明けたんです。私が行ってしまうまでは、この件については書かないでください。約束ですよ」

「約束します」

「彼らはこのように説明してくれました——『我々は自らのことを〝種をまく者たち〟と呼んでいる。我々は居住可能な惑星を探しながら宇宙を旅している。ひとたびそのような惑星を見つけ、そこに先住者がいなければ、我々はその星に入植を行う。我々はこれまで複数の惑星に地球の成人した人間を入植させてきたが、それらの試みがうまくいったことは一度もなかった。その要因は成人男性がしばしば暴力や報復や貪欲といった性質を示すことにあると判明したため、我々は彼らを別の惑星に移動させた』」

「つまり彼らは、祖母以外に親族のいないあなたを選び、自分たちとの混血によってあなたに赤ん坊を妊娠させる手助けをし、三人を別の惑星に連れて行くことにした——これがあなたの言っていることですか、メアリー？」

「正確には少し違います。チェリーは百パーセント人間です。彼女はディーンの娘であり、私の娘でもありますが、異星人のＤＮＡもあるていど移植されているんです。彼らは、娘を望みながらも子宝に恵まれない夫婦の手助けをしたんですが、同時に人間の行動や習性に影響を及ぼすことが可能かどうかをみてみたかったんです。そして彼らは、男性よりも女性のほうがより影響を受けやすいという結果を得たんです」

「もしディーンが生きていたらどうなっていたんでしょう？　彼も一緒に連れて行ってもらえたんでしょうか？」

「そうは思いません。女性のみが入植されることになっています。男性がいなくても生殖できるように彼らが手助けしてくれます。私たちは戦争や憎しみのない社会、そして世界を築いていくんです」

「もし男の子の赤ちゃんが生まれたら、その世界はどうなるんでしょうか？」私は尋ねました。

「私も同じ質問を彼らにしました。彼らは、男の赤ん坊は決して生まれないようにすると言いました。これは実験なんです」

「あなたはそういう世界で幸せになれると思いますか？」私は尋ねました。

「ええ、そう思います。自分の周囲を見渡せば、苦しみや悲嘆や暴力の九割は男性が引き起こしていることが分かります。女性は男性を支えるために日々働いているんです。お金は男性が受け取って、お酒や薬物につぎ込んでいます。ですから答えはもちろんイエスです。私は男性のいない世界の実現に絶対に参画したいです。私の母も同じ気持ちです」

「メアリー、私はこの件に関しては不安を覚えているの。あなたは本当に自分のしていることが分かっていますか？　チェリーについてはどうなんですか？　ここで友だちに囲まれて育っていき、大学に行って、それから結婚する人生を送らせてあげたいとあなたは思いませんか？」

「チェリーは乗り気なんです。すでに彼女には、一緒に宇宙船に乗って別世界へ行くことになっている同性の友だちがいるんです。彼女は胸をときめかせています」

「でもあなたは彼女の母親です」

「そうです。だから一緒に行くんです。自分の子供を失うわけにはいきません。私には他に選択の余地はないんです」

ほんの一瞬、私は彼女の声の奥に悲しい響きを感じた気がしましたが、すぐにそれはかき消され、私を玄関で迎えた時と同じような活気に溢れた笑顔が目の前にありました。

「あなたに全てをお話するのはもう少し先にしたかったんですけど、まもなく私はここを去るんです」

「家はどうするんですか？」

「それについてはもう手配済みです。若いインディアンの女の子のための慈善活動に寄付したんです。二カ月後に引き渡されることになっています」

「二カ月後？　二カ月後にあなたはここを去っていくんですか？」

「よく分かりません。私たちは二カ月以内に準備を済ませておく必要があることが分かっているだけなんです。あ、それから、いいんですよ、私を見送りにくることはしなくて。あなたの考えていることが私には分かりますから」

メアリーと私は二人だけで週末を過ごしました。彼女は自身の人生の第二の舞台に立つことを心待ちにしていて、新たな冒険に乗り出そうとしているその熱意に対して、私が口を出したり水を差したりできる理由は何一つありませんでした。週末が終わる頃には、私は彼女を引き留めるための努力をすべきかどうかも分からなくなっていました。それから二カ月の間、私はメアリーと連絡を取り続けていました。その後に、彼女の電話番号はもはや使われなくなっていました。

あの週末以来、私はメアリーには会っていません。その六カ月後にフェニックスを訪れた際に彼女のオフィスを訪ねたところ、彼女のデスクには別の女性が座っていました。その女性にメアリーについて尋ねると、彼女は引っ越していったとのことで、郵便の転送先の住所も残していませんでした。それから何カ月もの間、私はメアリーのことがずっと頭から離れなくなっていました。電話が鳴るたびに、受話器の向こうから彼女の声が聞こえることを期待する自分がいましたが、彼女からの電話は二度とかかってきませんでした。私は彼女を知る人たちに、音信の有無を繰り返し尋ねてきました。パールの生まれ故郷の村に足を運ぶことすらしましたが、誰も彼女の姿を見ていませんでした。夜空の星を見上げる時、私はメアリーとチェリーとパールのことを想い、女性たちの住む世界に思いを馳せています。そのとき私は男性のいない世界を想像してみます。正直なところ、私は同胞の男性たちのことが好きで、尊敬していますので、彼らのいない人生で幸せを感じている自分を想像することができないのです。

第十七章　欺(あざむ)きの達人たち

〝エイリアン・アブダクション〟とは、地球外生命体に人間が誘拐されたという事例のことです。それが最初に広く伝えられたのは、一九六一年のベティ＆バーニー・ヒル夫妻のケースです。それ以来、アブダクティ（被誘拐者）たちの証言の信ぴょう性や精神面の健全さが疑問視されています。懐疑論者は、これらの体験は睡眠麻痺（金縛り）状態における鮮明な夢に過ぎないと主張します。ＵＦＯ研究者は、アブダクション体験に見られる共通性がその信ぴょう性を示していると唱えています。多くの体験者は、継続した誘拐体験を報告していて、それは早ければ二歳から始まり、中年期まで続くといいます。

この章では、モンタナ州の片田舎の教師が、エイリアンと人類の遭遇について、ひとつの手がかりを与えてくれます。

ドゥリューに初めて会った瞬間に、私は彼女には何か特異なものがあることが分かりました。彼女は一七八センチの長身でしたが、その存在が際立って見えたのは、その外交的な性格と自然なウイット感覚によるものでした。彼女は大学を出てまもなく、モンタナ州の小さな町で高校の英語教師の職に就きました。彼女はアラパホ族とラコタ族の血を引いていますが、二歳の時に白人家庭の養子となりました。二四歳になった時、生みの母親をサウスダコタ州の保留地に探し当て、お互いにこれまでの溝を埋めようと努めましたが、母親はドゥリューを自分の娘だと公に認めたり、他の四人の子供に紹介したりすることを拒んだために、和解への望みは露と消えてしまいました。

「田舎に住んでいると、やらなきゃいけないことが沢山あるんです。時には抱えきれないくらい。でも、私はここを離れることはできないんです」学校のカフェテリアで私とテーブルを囲みながらドゥリューは言いました。

「この土地に縛られているんです。ここから出ていくことはできないのかもしれません」

私は同州で教鞭をとっている自分の手元の記録から、彼女が七年前からこの小さなコミュニティに住んで教師をしていることは知っていました。

「私にはよくわからないわ。あなたがこの町にやって来た道は、ここから去る道と同じなのだから」そう言った時の私は、彼女が述べた言葉の深刻な意味合いには気づいていませんでした。彼女は私の言葉には反応せずに尋ねてきました。

「今晩は空いていますか？　昨夜、パイを焼いたんです。七時ごろに私のところにお寄りになりませんか？　お話したいことがあるんです」

私は七時にドゥリューの家を訪れました。彼女は私を歓迎して、台所のテーブルに案内してくれました。そこにはすでに二人分の席が用意され、コーヒーのポットと、お約束のアップルパイが置かれていました。

「そもそも、あなたはどうしてこの町にやってきたの？」パイを差し出す彼女に私は尋ねました。

「生みの母親の存在と、生来の冒険心のためでした。私はシカゴで育ちましたけど、通い続けた私立学校の中でインディアンの生徒は私一人だけでした。まるで丸い穴に無理に適応しようとする四角い木栓みたいでした」彼女は少し間をおいてから微笑みました。

「私はいつも生まれ故郷について夢物語を描いていたんです。そして生みの母を見つけ出した時、全てがうまくいくことを期待しました。でも二人の間には壁があったんです。家族を持ちたかった私に対して母は私が彼女の人生に存在した時期を忘れたがっていました。彼女は私がこの町にやってきて二年後に脳卒中で倒れてしまいましたので、私たちの関係が修復されることは二度とありませんでした」

「それはとてもお気の毒なことでしたね」

「いつか母の気持ちが変わる時が来るのではないかと期待して、私はここで職に就いたんですけど、そういうことは起こりませんでした」

「とてもつらかったでしょうね。何らかのサポートを受けているの？　生きていく上での」

「もし男性のことをおっしゃっているのでしたら、そういう存在はいません。この地域の独身男性は、一八歳以下か六〇歳以上の人ばかりです。私にとっては仕事が生活になっています」

「あなたはここを離れることができないと言っていたけど、生活を共にする人もなく、結婚もしていないのなら、なぜここに居続けているの？　何か理由があるのかしら？」

「複雑な事情があるんです。ご存知のように、校長のバリーと彼の奥さんとは仲良しになりましたし。ある晩、ご夫妻とバーベキューをした後、おしゃべりしながら夜の散歩を楽しんでいた時、あなたの話題になりました。バリーはあなたがモンタナ州立大での恩師の一人だったと教えてくれました」彼女は再び少し間をおいてから、私をじっと見つめて言いました。

「それからバリーは、あなたがＵＦＯとの遭遇体験談を収集しているとも教えてくれました」

「ええ、その通りよ。モンタナ州に来て以来、ずっと体験談を収集しているの」

「バリーからあなたの本のことも教わって、アマゾン書店で二冊とも購入しました。私はその内容にすっかり魅了されてしまいました。過去七年のあいだ、UFOとの遭遇に関する五〇冊ほどの本を読んできましたが、あなたの著作に最も親近感を覚えました。あなたがとても繊細な感性で体験談を伝えていたからです。私はとても感銘を受けました。だから私の体験も聞いてもらいたいと思ったんです」

「あなたはUFOにまつわる体験をしているの?」

「はい、でもあなたの本に書かれていたのとは違う種類のものです」

「話を録音させてもらってもいいかしら?」

「かまいませんが、本に載せる時は、私の名前と学校名は伏せてください」

「それは確かに約束するわ」

「最初にはっきりと申し上げておきたいのですが、私は頭のおかしな人間ではなく、幻覚に惑わされたりもしません。夢遊病を患ってもおらず、めったに夢も見ません。私の遭遇体験が寝室や家の中で起こったことは一度もありません。私は世間の注目を集めることや、奇異の目で見られることには全く関心はありません。それらは私が最も望まないことです。そんなことになれば、私はおそらく二度と教壇に立てなくなり、子供たちはずっと私をからかい続けるでしょうし、人生が耐えられないものとなってしまうからです。でも私がこれからお話することは真実です。それは聖書に手を載せて本気で宣誓して言えるものです」

「体験はいつのこと？」

「七年前です。それ以来、定期的に起こっています」

「それはあなたがここへ来てから現在まで続いているということ？」

「はい。それはいつも私がひとりでいる時、そしていつも夜間に起こります。たいていの場合、人里離れたハイウェイで車を走らせている時です。一年に三、四回ほどの頻度で遭遇しています」

「これまでにエイリアン・アブダクションの本を読んだことある？」

「バッド・ホプキンズ、ジョン・マック、そしてホイットリー・ストリーバーの本を読みました」

「それなら、世間の人から、あなたはそれらの本に影響されているんだと言われてしまうことは予想できるわよね」

「ええ、わかっています。でも、だからといって、私の体験が真実ではないということにはなりません。エイリアンは、目撃者を避けるために、私のような人たちを選んでいるのだと思います。田舎のハイウェイを車で走行中の一人の女性または男性、あるいはカップルにすらも目をつけて誘拐するんです。誰にも気づかれることなく、たとえ本人が体験を覚えていたとしても、誰が信じてくれるでしょう？　それが彼らのやり方なんです」

「つまりあなたは、アブダクションは無作為に行われているのではないと考えているわけ？」

「いいえ。大勢の目撃者がいるシカゴの街中よりも、容易に誘拐が可能なモンタナ州の平凡な田舎町の中でなら無作為に選べるでしょう」

「あなたが最初に誘拐されたのはいつ？」

「初めて遭遇したのは、学校が始まる前の週末のことでした」

「この近くで誘拐されたの？」

「一年の最も大きな行事のひとつに、教育委員会の会長が主催するフィドラーズ・フェスティバルがあります」

その時ストーブの上のティーポットが笛を吹き始めたため、いったん話をとめて彼女はストーブのほうへ小走りで向かい、数秒の後にティーポットを手に戻ってきました。

「フィドラーズ・フェスティバルは正午くらいに始まり、深夜に終わるか、最後のゲストが去るまで続きます。会長の牧場はここからわずか八キロほどの距離なので、私は深夜に車で帰宅することに関しては何も心配していませんでした。だって、モンタナ州の小さな孤立した町で、深夜に何かが起こるなんてありえないでしょう？」

「そうね」

「長い私道を抜けて公道に出た私は、自宅に向かう右方向ではなく左方向にハンドルを切りました。およそ三キロ進んだ時点で、私は自分のしていることに気づいて、減速してUターンできる場所を探しました。そのとき突然、ハイウェイの前方に光が見えました——明るい球体が道路の上空で静止していました。はじめは月だろうと思って気にしませんでしたが、やがてそれは月ではないことが分かりました」彼女は私のカップに紅茶を注いで、砂糖とクリームを添えてくれました。

「さらに車を走らせていくと、球体は道路の端から端へと移動しましたが、前方でホバリングし続けました。それからそれはハイウェイに着地して、私の進路を塞いだのです。私は恐怖に駆られました。目の前にあるのはもはや巨大な球体ではなく円形の物体で、昔のSF映画に出てくる宇宙船によく似ていました。頂部にはドーム型をした小さな盛り上がりがあり、船体はハイウェイの二車線にまたがっていました。そして船体の横に、ヒューマノイド型の二体の生物が立っていました」

「どのような生物だったのか説明してもらえるかしら?」

「人間のように見えましたが、違っていました。身長は二四〇センチほどで、全身を覆うつなぎ服を着ていました。一緒に来るように言われたのを覚えています。私は路肩に車をとめて、車外に出ました。迷うことなく従っていましたが、自分のしていることはしっかりと自覚できていました。やがて私は、彼らの外観は幻覚であることに気づきました。彼らは人間の心を操って、自分たちを人間のような姿だと思わせる能力を持っていましたが、それは偽りの印象に過ぎなかったのです」

「詳しく説明してもらえる?」

「突拍子もないことに聞こえるでしょうけれど、本当なんです。過去七年のあいだ、彼らが私を調べている一方で、私も彼らを観察してきました。そもそも、彼らは私たちがするような会話をしません。話すことができないんです。彼らは思考を通して相手と意思の疎通を図っています。人間の心を操る彼らの能力は私たちの理解を超えたものです。彼らは、およそどんなことでも私たちに信じさせることができるんです」

「何か例を挙げてもらえるかしら?」

「これまでの長い期間を通して私が受けてきた印象のひとつは、彼らは慈愛深い生物ではないということです。けれども、マインドコントロールを通して、自分たちが思いやりのある、慈悲深い存在だとアブダクティたちに確信させることができるんです。それによって、気味の悪い実験をされる被害者たちに、自分たちは特権を与えられた存在、もしくは選ばれた存在だと感じさせておくことが可能になります。しばしばエイリアンは、彼らは平和のメッセージと地球環境に関する警告をもたらす有益な存在だという概念を植え付けます。これらは全て、アブダクティを特別な存在に仕立て上げるために植え付けた偽りの概念なんです」

「そう結論するに至った経緯を話してもらえるかしら?」

「最初の遭遇から、私は彼らが思考で会話するということに魅了されていました。つまるところ、私は英語教師で、言葉が私の世界なんです。私はいつも教え子たちに、自分は言葉ならどんなものでも好きになれるって話しているんです」

「そこであなたは、エイリアンに彼らのコミュニケーションの方法を尋ねたわけね?」

「そうなんです。私はその質問をした最初の人間だと言われ、彼らは喜んで答えてくれました。彼らの世界では、口頭で会話することはまったくなかったそうで、それは一部の科学者たちが提唱するような進化によるものではないようです。口頭での会話は、彼らにとっては、ざわざわとした、とてもうるさいものらしいです」

「そうすると、私たちが外宇宙に向けて送るメッセージは、いってみれば、馬の耳に念仏っていうことなのかしら?」

「実際には彼らの耳には届きますけど、人間が使う口頭での会話というのは、宇宙では一般的ではないそうです。彼らには、それは人間の原始的な発達段階を示していると思えるようです」

「つまり彼らは思考を通してのみコミュニケーションをとっているということね？」

「そうです」

「彼らとコミュニケーションをとるのが難しかったことはある？」

「最初はありましたが、私が言語に関心があることに彼らが気づいてからは、何かを口に出す前に、言いたいことを考えるように教えてくれました。そうしたら、話す必要がないことが分かったんです。それ以降は、何の問題もありませんでした」

「彼らはあなたに対して何かの検査をしたの？」

「髪の毛の標本を採取し、機械を用いて私の体をスキャンしました。壁に私の体の内部映像が映し出されるのが見えました。それはレントゲンのようなものではなく、実際の体内の映像でした。彼らは各々の器官の働きに興味があるようでした。少なくとも私にはそう感じられました。もちろん全ての質問に答えてもらえはしませんでしたが、自分で答えを見出すだろうと言われました」

「あなたが提供した体内情報について彼らはどんな反応を示したの？」

「感情的には無反応で、ただ貴重な情報になるとだけ言いました」

「他に気づいた特徴はあるかしら？」

「肉体的には弱々しかったですが、知能的にはとても力強かったです。彼らはマインドコントロールでアブダクティたちを操ります。ちょうど子犬が飼い主に従うように、人間は彼らに従うものだと思っていました」

「あなたは彼らは人間に見えると言っていたけど……」

「ええ、でも彼らは人間ではありません。単に私たちの心を操り、人間だと思わせているだけです」

「彼らの本当の姿をあなたは見たの？」

「数回ほどです。彼らは二つのグループで協同で働いています。ひとつのグループは典型的なグレイで、私たちがこれまで見聞きしてきたような、現代の映画で大衆に浸透しているタイプです。皮膚は灰色で、大きな頭と目、そして長い腕を持っています。一般に知られている特徴はきわめて正確です」彼女はそこで話を一時中断し、空っぽになったお皿を台所の流しに持っていきました。

「もう一方のグループはもっと恐ろしいものです。彼らは巨大な昆虫のような生き物です。人間とは掛け離れた姿です」そう言うと彼女は口をつぐみ、体を震わせていました。そして両腕で自分の両肩を抱きしめて、寒気を追い払っていました。

「ドゥリュー、あなたは本当にこのまま話を続けたいの？」

「ええ、もちろん。彼らのことを考えただけで不安な気持ちになるんです。彼らはグレイの用心棒です。誘拐した人間が抵抗した場合に、代わりに出てきて服従させるんです。彼らは強靭な体を持っています。かぎ爪のような手には指が三本しかありません。首に相当する部分がなく、胴体の上部に頭が据え付けられていて、三六〇度ぐるりと回るのを見たことがあります。背丈は二一〇センチほどで、体からは鼻を刺すような異臭を放っていました。私は彼らをできるだけ避けながらも、注意深く観察していました」彼女は一息おいて、裏庭のデッキに出てみませんかと誘いかけ、私は彼女に続いて外に出ました。彼女の口元にマッチの炎が見え、タバコの先端が赤く輝きました。

「神経を鎮めるために吸うんです。あのバッタのお化けを思い出すとイライラしてしまうので」

「まだ話を続けても本当に大丈夫？」

「ええ、大丈夫です。私はＰＴＳＤ（心的外傷後ストレス障害）や他のいかなる心理的な障害も患ってはいませんから。ただ彼らのことを考えるだけで虫酸が走るだけです」

「あなたを誘拐したのはどちらのほうの種族？」

「グレイのほうです」

「でもあなたは身長二四〇センチのヒューマノイドに誘拐されたと言っていたけど」

「その通りですけど、あれはマインドコントロールでした。私はそれらから心を防御することを覚えたんです。頭の中で考える代わりに、声に出して話しかけました。それを彼らは好みませんでしたが、話しかけると彼らは混乱してしまい、私をコントロールすることができなくなりました。ときどき『アメリカ・ザ・ビューティフル』を歌ったり、大きな声で詩を繰り返し唱えたり、単にあれこれとしゃべったりしました。また、彼らを混乱させるために単に考えごとをする時もありました」

「人間に対して何かの実験が行われているのを見たことはある？」

「ええ。アブダクション体験で言われているような、精子の採取や、女性を妊娠させる話は本当です。それはエイリアンが絶滅の危機にある種族だからではなく、他の複数の惑星に入植させるためのハイブリッド（交配種）を創り出すためです。彼らはクローン（複製）も創造しています。双方が入植に使われます。クローンの中には、地球に送られて人間たちに紛れて暮らす者たちもいます。また、エイリアンは人間の副腎を利用していますが、その用途については私にはまだ分かっていません。いま調べているところです」

「ある男性が私に副腎の機能について語ってくれたことがあるの。長寿のための実験に使うらしいわ。でも入植ってどういうことかしら？」

「他の世界にハイブリッドとクローンを送り込むことです」

「なぜあなたにそういう事実を明かしたのかしら？」

「第一の理由は、私をコントロール下に置いていると思っているからです。二番目は、たとえ私が聞いたことを覚えていたとしても、誰もその話を信じないと分かっているからです。私はモンタナ州の田舎町の一教師です。ここに暮らしていて頭がおかしくなったんだろうと世間の人は言うでしょう。懐疑論者たちに私の体験を話したら、どう反応するか想像できますか？　エイリアンは私が彼らの存在や活動を脅かすものになるとは思っていません。私は自分が彼らの支配下にあると思わせてきました。アメリカ人の大半がＵＦＯの存在は信じているものの、ハイブリッドの赤ん坊や卵子・精子の採取については懐疑的です。そのためエイリアンは、私の話に真剣に耳を傾ける人たちがいる可能性に脅威を感じていません。実際のところ、彼らは私にいろいろ教えることを楽しんでいるようにすらみえます」

「あなたが誘拐者たちについて知った最も驚くべきことを話してもらえるかしら？」

「彼らが自由自在に姿を変えられることです。白人のアメリカ人に対しては、相手の心に白人のアメリカ人のイメージを植え付け、中国人に対しては、自分たちも中国人に見えるように心を操れます」

「他には何かある？」

「とても多くの人が、いつかはエイリアンが地球人に対して自分たちの存在を明かす日がやってくるだろうと信じています。私が遭ったエイリアンは、もちろんこの地球を訪れている唯一の種族ではありませんが、自分たちの存在を知らしめるつもりは全くありません。地球は彼らの実験室なんです。人類に対する敬意など少しも持ち合わせていません。人間はこの先もずっと実験材料のままです。目的を果たすための標本なんです。私の知っているエイリアンは無慈悲で、その振る舞いも非常に冷酷です」

「彼らについてあなたの心に最も印象に残っているのはどんなこと?」

「彼らが他のアブダクティに接する場面を見たことは一度ならずあります。彼らは感情を表に出しませんが、抵抗する者に対しては容赦がありません。人間に対しては服従を求め、そうでない相手には非常に残忍であるのを私は目にしてきました。抵抗を示せる人間もいれば、極めて従順な人もいました。抵抗者には最悪の扱いと最大の苦痛が与えられました。ですから、私はエイリアンを邪悪な存在とみなしています。その一方で、従順な者に対しては、傷を治療する外科手術を施しているところも見ましたが、それは単に可能性を試しているだけだと私はいつも感じていました。ちょうど私たちが壊れた玩具の修理を試みるようにです。私の見解としては、彼らは感情を示さなくとも、悪意に満ちた存在です」

「今晩わたしに話しておきたいことは他にもある?」

「はい。彼らは人の心にイメージを植え込みます。たとえば、目の前に全く色気のないエイリアンが立っていても、理想の異性に出会えたかのように思わせることができます。それは人間の想像の産物にすぎません。治癒を体験したアブダクティたちは、それが神の手による癒しだと感じさせられますが、実際には進化した医療科学以外の何ものでもありません。彼らは欺きの達人なのです」

「それでは、あなたのこれまでの体験が、この町を出ていくことができない理由なのかしら?」

「その一部でもあります。遭遇をするたびに、私は彼らの振る舞いについて理解を深めています。きっといつかこの情報が役に立つ時が来るでしょう。だからあなたにお話ししているんです。もし次の本を書くことになったら、私の体験も必ず加えてください。実際に起きていることを世間に知ってほしいんです。物事は必ずしも見た目どおりではありません」

「七年にわたって誘拐されてきた中で、何か相手側の変化に気づいたことはあった?」

「ひとつありました。エイリアンがアブダクティの心にイメージを植え込むことはお話ししましたよね」私はうなずきました。

「そのやり方が分かったんです。とても興味深いことに、誘拐時の年齢が若ければ若いほど、条件付けが効果的になるんです」

「よく分からないんだけど」

「七歳児の脳は、一七歳のものよりも条件付けがしやすいんです。二七歳や三七歳の脳よりもです。彼らは四〇歳以上の人間を滅多に誘拐しないことに私は気づきました。だからなんです」

「もう少し説明してくれる？」

「彼らは脳に関連する薬品を持っています。地球の科学者よりも人間の脳についてよく知っているんだと思います。誘拐された被害者の脳に何かの体験の記憶をイメージとして植え付ける方法を開発したんです。アブダクティが若ければ、脳は移植を受け入れやすくなります。人間の成長にともなって、移植をする脳の部位はより縮小して弱体化していくようです。四〇歳を過ぎると、脳を欺くことはより難しくなります。適切な被験者を手に入れたら、エイリアンは長年にわたって誘拐を続けます。いまや彼らは思い通りになる標本を所有しています。従順な脳の物理的な特性は遺伝的なものであることを知った彼らは、時に家族全員を誘拐することもあります。ですから、家族のひとりが遭遇体験をしている場合、全員が体験していることもありえるんです」

「だから同一人物が生涯にわたって誘拐されたり、家族ごと誘拐されたりといった報告があるわけね」

「その通りです。しばしば子供には想像上の遊び相手というイメージが植え付けられるので、両親は何も怪しく感じたりはしないんです」

「もちろんそれなら納得できるわ」

「年長者の場合、アブダクションの記憶を呼び覚ましたり、体験のフラッシュバックが起こったりしやすくなります」

「どうやってそのことに気づいたの?」

「お話したように、彼らが私を調べている間に、私も彼らを観察していたんです。私は彼らにコントロールされているように演技することができました。だから彼らは私を警戒していなかったんです」

「どうやって演技できたの?」

「従順を装ったんです。私を誘拐しようとしていることが分かっていたので、それがうまく行っているように思わせておきながら、自分の身に起きていることを注意深く見ていました。誘拐者を観察すると同時に、言いなりになっているふりをすることができたんです」

「ひとつ聞いておきたいことがあるんだけど、アブダクション体験に共通する要素として、しばしば性的な行為が含まれているけれど、アブダクティが性的な被害を受けていたところをあなたは目撃したことはある?」

「ええ、エイリアンが人間の男性に思い込ませる体験の一つに、女性のエイリアンが性的に誘惑してきたというものがありますが、女性のエイリアンはいません。それは被害者自身の空想力を利用して埋め込まれた記憶の一例です。私はこのテクニックを見ましたし、機械操作によるものも同様でした」

「機械操作？」

「はい、男性の秘部に吸入装置のようなものを取り付けて、射精をもたらすものです。空想力の利用と同じ結果が得られます」

「では誘拐された女性が妊娠に似た症状を体験したり、卵子を採取されたりする体験についてはどうなのかしら？　これらの体験に何か真相があるの？」

「二つのケースを目撃しました。誘拐された後、二度と戻れなくなった女性たちを見ました。彼女たちは複数のハイブリッドの赤ん坊を産むための孵卵器にされてしまいました。そして、機械によって妊娠させられて地球に戻され、再び誘拐されて胎児を摘出される女性たちも見ました。船内に残す女性と解放する女性を決める基準は分かりませんが、どちらも常に行われていました」

「男性が船内に残されて、父親の役割を果たすことはあったのかしら？」

「それは見たことがありませんが、船内に永久保存されている捕虜のような人間たちはいました。彼らがなぜそのような立場になったのか、いかなる役割があるのかは一度も教えてもらえませんでしたが、エイリアンに協力して働いている人間の男性たちを見ました」

「彼らは自らの意志で協力しているとあなたは思う？」

「そう見えましたけど、彼らと話す機会は一度もありませんでした。私は厳重な監視下にありましたので。私は現実に起きていることをしっかりと認識して、自分を失わずにいたかったんです。もし彼らがエイリアンの協力者だったら、私を危険にさらす恐れがありました」

「あなたは性的な被害を受けたことはある？」

「いいえ、私はガリガリ過ぎると思いますよ」彼女はひと呼吸おいてから、大きく笑いました。

「彼らは官能的な女性が好みでした。彼らにとってそれが人間の母性の概念だったと思います。彼らが好むのはお尻の大きな女性です。私にはそれがありません。どっちかといえば男の子みたいな体型ですから」彼女はクスッと笑いました。

「それは有利に働いたようね」

「私の場合はそのようでした」

「なぜ自分が誘拐され続けているのか、思い当たるふしはある？」

「最初のうちは、コミュニケーションや言語に対する私の興味に惹かれたんだと思います。その後に私は加齢の標本となりました。彼らは人間の体が老化していく様子に非常に関心を示しました。そのため、私への実験には髪の毛、綿棒での細胞採取などのサンプル検査に加え、いまいましい機械による内臓検査が含まれていました」

「痛みを感じたことはある？」

「不快感だけで、痛みは感じませんでした。機械はうっとうしいもので、すごく重たくて、とても怖い気持ちになりました。機械の中に生き埋めにされているみたいに感じることもありました」

「もうひとつ聞きたいのだけれど、あなたはどうやって自分が彼らの支配下に置かれていないことを隠していたの？」

「単にゾンビのように演じていたんです。他の人たちはそんなふうに魂の抜け殻みたいに見えたんです。彼らの様子を観察しながら、私も同じように振る舞っていたんです」

「一度に複数のアブダクティを見たことはある？」

「とっても多くの人数がいました。区分けされた部屋で構成されたエリアにグループごとに収容されていました。同時進行で数種類のテストが行われている広大な実験室がありました。個々の被験者に複数の担当係が割り当てられてテストを実施していました。それらの多くのテストの目的を把握することはとてもできませんでしたが、ヒトの繁殖は確実に含まれていました。それから体液の採取、それと加齢プロセス、あとは知性もです」

「知性も？」

「そう思います。あるとき彼らとの会話の中で、人間の脳の劣化について質問されたことがありました。彼らはアルツハイマーのことを言っているのだろうと私は思いました。彼らにとって知性は向上していくのが自然なことで、彼らの種族はこのような加齢による病気を患ったことがないそうです」

「アルツハイマー病を治してもらった人を見たことはある?」

「いいえ。先に言ったように、年輩のアブダクティは滅多に見かけませんでしたので。見かける時は、家族の一員としてでした。エイリアンは年配者には興味がないようでした」

「彼らは自分たちの世界についてあなたに何か話したことはあった?」

「いいえ。私は彼らと対等の存在とみなされていなくて、情報を共有すべき相手とも思われていませんでした。彼らは地球人との友情とか協力といったものには関心がありませんでした。でも、地球と地球人を愛する慈悲深いエイリアンの話をするアブダクティがいる理由は分かります。先にも言ったように、それらのストーリーは、誘拐した人間の心を操るエイリアンの能力の産物なんです」

「そういうストーリーの植え付けは、誘拐された人がその記憶を突然に呼び覚ましたり、エイリアンのことを部分的に覚えていたりする際に、自分の身に起きたことを受け入れ易くするためのものだと思う?」

「最初は私も彼らの善意を信じてみようとしましたが、今はそれは、もしアブダクティが遭遇体験を思い出すようなことがあった際に、個々の不快な体験の記憶をカモフラージュすると同時に、偽りの行動プランを進めさせるためであると私は見ています。相手が慈悲深いエイリアンなら恐れる理由がありますか？　記憶を取り戻した人間に偽りの安心感を与えるのが彼らの目的なんです」

「そして記憶を取り戻したあなたにも？」

「彼らが私のしていることを把握すれば、私は抹殺される恐れがあります。私は彼らに思考を読み取られないように、観察思考を心から離すように習慣づけています。もし彼らに見破られることがあれば、私は消されてしまうでしょう。そして私に何が起こったかは誰にも分からないでしょう」

「アブダクション体験者の中には、宇宙船内でエイリアンに協力している将校たちを見かけたと言っている人たちがいるけれど、あなたは米軍あるいは他国の将校の協力を思わせる何らかの状況を目撃したことはあるかしら？」

「まったくありません。誘拐された兵士たちや、制服姿の男女は見ましたが、彼らはみな誘拐された人で、協力者ではありませんでした」

「アブダクションにまつわるもう一つの風説に、アブダクティは世界にメッセージを広めるために選ばれた者、あるいはエイリアンの地球来訪のための大使となるために呼び戻された存在だというものがあるけれど、それが事実だという証拠はあるかしら？」

「何もありません。繰り返しますが、それは彼らが人々を操るために使う偽りの印象付けの一部です。彼らは個々の人間の記憶や空想を利用するのだと思います。自分は本当はもっと重要な存在なのだという空想を抱く時――心の奥に秘めた空想に気づいていない場合もあると思いますが――自分は選ばれた存在なのだという考えに導かれることがあります。一方で、もしエイリアンと性交渉をする空想を抱くなら、彼らに収容されることがあります。いずれについても証拠を示すことはできませんが、七年にわたって観察してきた経験から、これらが現実に起きていることなのだと私は確信しています」

「知っている人や知っていた人を船内で見かけたことはある？」

「一度もありません」

「アブダクションに関しては数多くの風説があるの。それらをひとつずつ挙げながら、あなたがどう思うか聞かせてほしいの。たとえば、体験者の大半は、真夜中に就寝中のベッドから連れ出され、空中を浮揚して宇宙船に乗せられたと報告しているけれど、それは目を覚ました状態で体が動かせない睡眠麻痺だと指摘する人もいるわ。あなたはそういう体験はある？」

「一度もないです。私の場合は全て屋外の路上での遭遇で、大抵の場合、静まり返った二車線道路か、人里離れた場所で起きました。これまでに誘拐された場所は、グレンダイヴとビリングズの州際高速自動車道、モンタナ州ロイの近く、二年前に訪れたマディソン川のキャンプ場、ギャラティン峡谷内のグリーククリーク、そしてスリーピング・バッファローでした。こういった場所はよく知っていますか？」その問いに私はうなずき、彼女は続けました。

「それなら、どれもが人里離れた場所だということがお分かりですよね。私の誘拐体験はあちこちで起きましたが、人目につかないところばかりでした。だから彼らは目撃者のいそうな場所は避けていて、その存在を知られたくないのだと私は確信したんです」

「アブダクション体験者は往々にして子供時代から空想癖が見られると主張する研究者もいるの。あなたが子供の頃、見えない遊び友だちがいたり、空想にふけったりしていた？」

「見えない遊び友だちも、空想癖もありませんでした。私の父は数学者で、母はエンジニアで、どちらも博士号を持っていました。出来事に対して論理と論理的説明をもって常に白黒をはっきりさせる世界で私は育てられたんです」

「ある研究者は、神秘的で超自然的な体験や超常的な信条がＵＦＯアブダクションの物語の要因となっているのではないかと指摘しているけれど、あなたはこの推論についてどう思うかしら？」

「モンタナにやってくる前にＵＦＯアブダクションの話を耳にしたことはありますが、たまたま聞いただけで、そういう話には全然興味はありませんでした。私が自身の土台にしていたのは科学であって、空想科学ではなかったからです。私は超常現象や超自然現象、ウィジャボード（降霊術用の文字盤）、あるいは占い師などに関わったことは一度もありません。関心がなかったからです。私は薬物を使用しませんし、時おりグラス一杯のワインを嗜む程度です。私は現実の生活を愛する保守的な人間です。説明のつかない現象を探求することに幸せを見出す必要はないんです。未来のことを知りたいとも思いません。今を生きていたいだけです」

「でもアブダクションに関する本を数冊読んだって言っていたわよね」

「遭遇体験を繰り返すようになってから、それに関するありとあらゆる本を探し回って買い求めました。けれども、それで奇人になったわけではなく、知識の探求者となっただけです」

「他のアブダクティは、さまざまな物体を体内にインプラントされていたことで、自分がアブダクションされたと気づいたと主張しているけれど、あなたにはインプラントがある？」

「インプラントはありませんよ」彼女は笑いながら答えました。

「体にインプラントされた人は一人も見たことはありません。私が目撃した唯一のインプラントは、偽りの記憶あるいは体験のイメージの埋め込みです」

「他のアブダクティは、エイリアンには唯一の目的があり、それは人間の意識を高めることだと主張しているけれど、あなたはどう思うかしら？」

「それはおそらく彼らの計画から最もかけ離れたものだと思います。彼らが欲しいのは従順な人間標本であって、抵抗者ではありません。彼らは人間の知的能力を発達させることに全く興味はありません。そうする能力は確実に持っていると思いますけど。覚えておいていただきたいのは、私は自分が遭遇した地球外生命体についてだけ語っているのであって、彼らとは異なった計画をもって地球にやってきている他の生命体も存在すると確かに思っています」

「アブダクション体験の記憶の多くは、何年も後になって、他の問題のための心理療法を施している最中に初めて呼び覚まされたものなの。調査によって判明したのは、不注意な心理学者によって、治療の過程で偽りの記憶が形成される可能性があることなの。それらは本当の体験ではないにもかかわらず、実際に誘拐されたり虐待されたりしたと信じるようになってしまう場合もあるの。この調査についてどう思うかしら？」

「私は心理学者に治療を受けたことも、催眠にかけられたことも一度もありません。自身の遭遇体験については、あなた以外には決して誰にも話していません。私は心理学者に話すつもりも、催眠療法を受けるつもりもありません。私は自分に起こったことの全てを覚えているからです」

ドゥリューと私はその後も連絡を取り合っています。私と最初に会ってから二年後に、彼女は六歳下の元教え子の男性と結婚しました。彼は大学で農業管理の学位を取得し、卒業後は郷里のモンタナ州に戻ってきて、父親の農場を引き継ぎました。私がこの原稿を書いている時、ドゥリューと夫のケントは双子の赤ちゃんの親となりました。いまや彼女にはモンタナ州に留まる別の理由ができたため、自身の遭遇体験は、それが継続してはいるものの、もはや生活上の関心ごとではなくなりました。そして彼女は自分が四〇歳になればアブダクションは終わることを願っています。

著者からの特別メッセージ～私の新しい友人である日本の読者の皆さんへ

何百冊とあるＵＦＯ関連の本の中から私の本を手に取っていただけて、とても嬉しいです。皆さんのような友人が私を支えていてくださるからこそ、今この惑星で起こっている真実の遭遇体験の数々を世に伝えることができるのです。日本民族と同様に、北米インディアンは独特の世界観を持っており、それは私がここでご紹介しているお話の中にも示されていまです。皆さんを米国のインディアンの持つ唯一無二の世界への旅にご案内する機会をいただけたことに、心から感謝しています。この本を通して皆さんがこの世界への理解をさらに深いものにしていき、それと同時に、お一人お一人が、ここに紹介された人たちの体験談から個人的に何かを得ていただければと願っています。

そして本を読み終えた後で、ご自身の感じたことや、考えたことを私と分かち合っていただければ幸甚です。

〈以下が私のメールアドレスです〈英文のみ対応できます〉ardy@sixkiller.com〉

下巻目次

著者 **アーディ・S・クラーク**
Ardy Sixkiller Clarke

人生を先住民たちへの協力に捧げてきた米国モンタナ州立大学元教授のクラーク博士（現在は名誉教授）は、退職後もインディアンや世界中の先住民族たちのコンサルタントとして貢献を続けており、過去十数年間に渡って北米、中南米、太平洋諸国の先住民族に取材を続け、膨大な数の証言を得てきている。その取材記録をまとめた前著『スターピープルとの遭遇 ～ 北米インディアンたちの知られざる遭遇体験』は、「これまで出版されてきたこの分野の本で最高のもの」と専門家たちにも絶賛され、世界的なベストセラーとなっている。
著者ホームページ URL　http://www.sixkiller.com

【著書】『YOU は宇宙人と遭っています スターマンとコンタクティの体験実録』（明窓出版）『超太古マヤ人から連綿と続く宇宙人との繋がり SKY PEOPLE』（ヒカルランド）

訳者 **益子祐司**
ましこ・ゆうじ

著述家、翻訳家、詩人。幼少時より不思議な体験を重ね、生命の進化について独自のヴィジョンを持つ。宇宙を意識した調和のとれた生き方をテーマとしたお話し会を毎月実施。
著者ホームページ「Pastel Rose and Emerald」

【著書】『UFO は来てくれた ～ 心を宇宙に広げて』『UFO と異星人 ～ 新たなるコンタクト』『続・UFO は来てくれた ～ 宇宙時代の幕開け』『続・UFO と異星人 ～ 星空へのテレパシー』他
【訳書】『私はアセンションした惑星から来た』（オムネク・オネク著 徳間書店）他

スターピープルはあなたのそばにいる
アーディ・クラーク博士の UFOと接近遭遇者たち

アーディ・S・クラーク 著　益子祐司 訳

明窓出版

2017年9月15日初版発行

発行者　麻生真澄
発行所　明窓出版株式会社
〒164-0012　東京都中野区本町6-27-13
電話　03-3380-8303
FAX　03-3380-6424
振替　00160-1-192766
http://www.meisou.com
印　刷　中央精版印刷株式会社

落丁・乱丁はお取り替えいたします。
定価はカバーに表示してあります。

ISBN978-4-89634-379-3　Printed in Japan
More Encounters with Star People by Ardy Sixkiller Clarke